痛快なりゆき番組
風雲!
たけし城
20時枠》
第1回 決定稿
61年4月18日
61年5月2日
緑山スタジオ
VTR収録
放送日
場所
製作著作
ゲーム・タイトル
海は深いな大コワ
タイトル
緊急特別
イ
ラ
ス
ト
内容・ルール等
見どころ
備考
攻撃軍は、スタートで①〜④のアミダをひき台車に
さんが押してスタートの坂を上がってくる。(台車に乗る
ない様に坂の下の位置では見えない)その後は
進んで、ゴール前の坂のところで台車を持ち上げ
のところのみ合格。押している途中で攻撃軍に
ドについ立てをおき常に前しか見えない様にしてお
攻撃軍の自分の進行方行に、粉を知らせる看板等
ゴール瞬前で曲がり、セーフに行った時の ホッとした
場合の顔の変化
①アミダの横の線はすぐはがせるテープ(幅のある
アミダが変わる様に考える
②カメラの位置に十分注意してテレビを見
水
泥沼
セーフ
粉
スタートの坂
攻撃軍の顔をひきつらせるための看板
羽根をあおいでいる姿
をあおいで ちゃんと進む様に、美術
が大事

CHANNEL 4
D 0 4 1 0 0 1 9
日本テレビ放送台本
天才・たけしの
元気が出るテレビ!!
テーマ
「 秋 」
収録日
放送日
スタジオ
制作協力

元気が出るテレビ!!
収録
収録日
(日曜日)
1月6日
13日
20日
27日
2月3日
9日
10日
17日
24日
#35
#36
#37
#39
#38
札幌?(生放送)
#40
OA日
(日曜日)
1月1日
5日
12日
19日
26日
2月2日
16:00
17:00
18:00
19:00
21:00
21:30
21:00
カメラリハーサル
18:45 客入れ
食　事
(V)
#019 本番
(V)
インサート撮り
終了おつかれさまでした
EED 9月10日(火) 東洋レコーディング
MA 9月12日(木) 東洋レコーディング
幸せになろうね…
はい…
ビデオでみている
12
OPENING
元旦
元気企画
輝け!第1回 酔ったふり
世の中には、アルコールが
ない人達がいて、そういう人は、
さぞや淋しい気分でいるので
又、一度酔った気分を味わってみ
日頃から思っているのではない
す。
そして、今回晴れて、そういう人
実施されるのが、「第1回 酔った
なのです。やり方は至って単純。
い人々を数十人集めて、浴衣で

スーパーJockey

全員参加ウルトラクイズ風
○×クイズ王
○×
タレント、スタジオにいるお客様
参加でウルトラクイズ風の○×クイ
て問題は、ナたらムズカシク
が当ても解らないモノをつくる
ズをやってゆき、最後まで
が勝は、正解は

海の家 利用法
○世界初の『スイカ割り土俵』を造る
スイカ割は、我国の国技スモウにも
劣らない伝統と格式をそなえた
ある。
しかし、何故、正式な土俵を
ひとりとして考えようとしなが
今、世界に先がけ『スイカ割りス
の地を、江の島としようでは

ダンカン②

◎稲川淳二・林家ペーに続け
哀愁タレント一回テスト（仮）

芸能界にくんりんする2大哀愁スター
稲川淳二・林家ペーを目指して、挫折して行った若手芸能人は星の数等いる
しかし、芸能界は二の2人の年齢等を考え、そろそろ若い哀愁タレントの出現を待っている。
そこで、哀愁タレントの一回テストを実施する。
方法は、まず、希望者を100人位集めてゼッケンを付けさせ、何種目かやらせてリアクションを見て決める。

競技内容
① ワニの肩を柔む
② トラに前かけをかける
③ ヘビをカラダにまく。

○大仏君と一
出来れば、日の
から、初日の出
は、とても良いと
上がる防波
しかし、朝日
でゆく姿は
その際、大仏

…伏せてある「あだな」を5人一緒にあけるたけしの。 …心の◎・○・△

『研究 ジャイアント馬場』

ダンカン①

日本国民誰もが知っているジャイアント馬場さんを撤底的に研究している

G馬場さんの試合VTRを見直して

タッグの時のタッチまでの時間やこの技は本当にきいているか等を分析解説してゆく。

たけし「ちょっと今の16もんキックの瞬間戻して一時停止にして下さい。ほら当たってないのに外人レスラーはとんでますね。そのくらいスゴイ技なんですよ」

等とひとつひとつ解説してゆく。

『田舎顔大集合』

…には田舎顔がいて、そ…
…けで何故か、周囲をほの…
…気分にさせてくれるか、どうか…
…はないが でもおもしろいと思うの…
…を募集(写真同封)して欲しい。

- 林家こん平師匠
- ビートきよし 〃
- 松居伸内
- ラッシャー板前
- でんでん
- 大学作
- 大久保(西武)

等々、タレント界にもいるもんだ。
都合的にしようなどと考えるから悩…
とにかく集まってもらい、足元から…
ゆき、アップで顔を見る、それだ…
ーリウケルと思う。

…何んだか少しだけいい気持…
…見たと思うものが良いではないでしょうか。

(スタジオ) 川崎氏の提議

ある日、木内さんが、最近、決まって同じ夢…
川崎氏に相談する。
夢の内容は、闇の中に、かすかな光があり、
たどってゆくと、マリア像があり、そのマリア様に
ひとつ変える事なく、『イエスの墓にある3つの鐘を
クリスマスの夜に鳴らすと、もろびとの願…
…の姿となり天より現われるであろう』とおっしゃ…
…あった。この話しを聞いた、サンタクロース評…
…崎氏は、この世ちがない世の中…

木内みど…
野口五郎
兵藤ゆき
桑田靖子

△	◎ ③	④	○ ⑤
八王子市 吉岡みどり(1-5)	文京区 末永明(1-6)	荒川区 塚原一(1-4)	中野区 柏健司(1-5)
ブータ	カマキリ	ゴリンボ	パーマ
折り紙	パソコン	サッカー	鉄棒
ミッキーマウスのハンカチ	小見今日の写真集	別になし	UFOに似た石
およめさん	総理大臣	スター	バスの運転手

横にひくと、5人分出てくる。

ネタ帳
'93.11.25〜'94.6.6
NEVER NEVER
DANKAN
use
漫才
'94
NOTE
STUDENT UNION
EXCELLENT STATIONERY
IDEAL TO USE FOR EXPERIMENTATION
IN THE FIELD OR CLASSROOM AND
FOR PERFECTING TECHNIQUE
WITH A VARIETY OF MEDIA.
ダンカン
50枚 ノ-105A
des GARÇONS
SUNDAY
NOTEBOOK
オールナイト

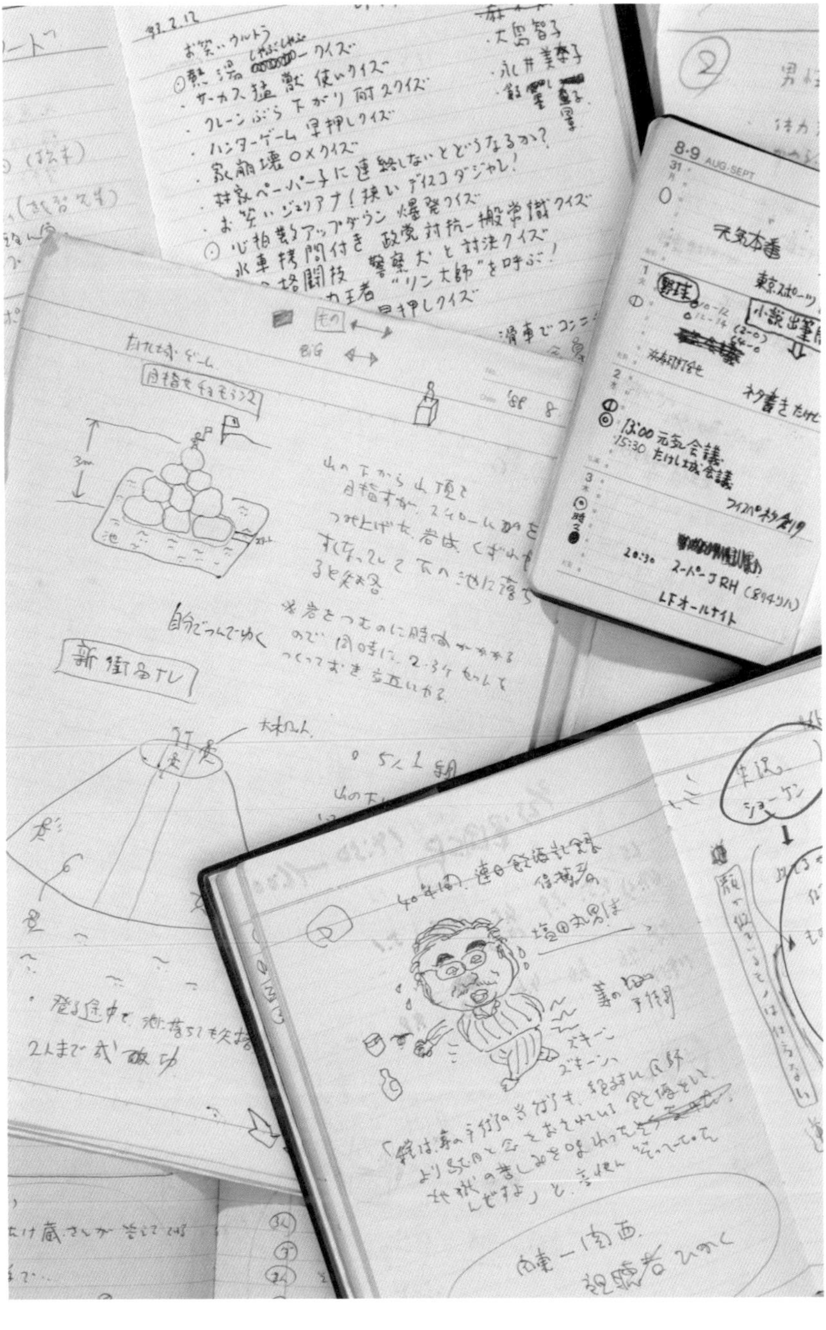

92.2.12
お笑いウルトラ
◎熱湯 しゃぶしゃぶ ―クイズ
・サーカス猛獣使いクイズ
・クレーンぶら下がり耐久クイズ
・ハンターゲーム早押しクイズ
・家崩壊○×クイズ
・林家ペー・パー子に連絡しないとどうなるか？
・お笑いジュリアナ！ ディスコダジャレ！
・心拍数アップダウン爆発クイズ
◎水車拷問付き 政党対抗一般常識クイズ
・格闘技 警察犬と対決クイズ
力王者 "リン太郎"を呼ぶ！
早押しクイズ

・大島智子
・永井美奈子

8・9 AUG・SEPT
元気本番
東京スポーツ
小説出筆
野球
ネタ書きたけし
13:00 元気会議
15:30 たけし城会議
20:30 スーパーJRH
LFオールナイト

たけし城ゲーム
山の下から山頂を目指すが、
つみ上げた岩は、くずれやすくなっていて下の池に落ちると失格
自分でつんでゆく
新街道ナレ
大木さん
5人1組
・登る途中で池に落ちても失格
2人まで突破

40年間、連日飲酒記録保持者の
塩田丸男は
視聴者ひのく

ダンカンの企画書

ダンカン

スモール出版

2020年の夏――。

ダンカンが手がけた企画書が、実家の倉庫から大量に発掘されました。それは放送作家として参加していた、テレビのバラエティ番組『天才・たけしの元気が出るテレビ!!』や『痛快なりゆき番組 風雲！たけし城』などの企画書でした。

そしてこれがある編集者の手に渡り、これは大勢の人に公開するべき、テレビ業界の貴重な資料として後世に残すべきと、書籍化へ動き出します。

こうして膨大な書類を整理し、厳選し、構成してできあがったのが

『ダンカンの企画書』です。

企画書やノートをあえてそのまま掲載することで、伝説的テレビ番組の片鱗、当時のテレビ業界の自由さ、そしてあまり表に出てこない放送作家という仕事を、ドキュメンタリーのように垣間見ることができるはずです。

テレビやYouTubeなどの映像世界に関わるすべての人たちへ、バラエティ番組の黄金期の基盤、アイデアと創作の秘密、そしてダンカンという天才放送作家の脳内をここに公開いたします。

OFFICE KITANO INC
ダンカン①
Date

元気ネタ

『オールSUZUKIさ〜ん!』

その昔、元気TVに「100人隊」という集団があったが
これは鈴木さん100人（30人くらいでも良いけど）の集団である。
とにかく日本で一番多く（?）どこにでもいる姓なので軽
く見られがちなのでその逆盤にオールSUZUKI　上がって
相手のリアク…

ダンカン③

『日本で一番安い一戸建』
日本で一番安い一戸建　ただ
新聞に土地＋ロフト付戸建＋菜園＋果樹付庭園
＋バーベキューコーナー＋乗馬場と、とにかくやたらめったら
この際つけられるものは全てつけてしまおうという家が
奄美島で980万円均一で売り出されているのだ。
（この均一というのもキスゲイ）
月々20,032円の返済というのも泣かせる　しかし、
探せばさらに安い家があると思うのだ。
そこで、番組で、とにかく家を安く売る人を募集
する、と同時に、とにかく家を持ちたい家族を集めて
バスで見学ツアーを組む。家族には、場所など
は一切言わないで出発。
異常に遠いけど異常に安い、近いけどガケの上の一軒
家など、買うには勝負の家ばかりを案内してみせる。
とにかくこの物件は最高!と盛り上げ

SPネタ
ダンカン③

かぶりモノ箱根駅伝』
といえば大学駅伝が注目の的　それならば
元旦でもすっかり同じコースでタレント東西
…等の全てカブリモノの駅伝を実施する
かぶりモノであの距離はきついので…
…モノは1Kく…
…カブリ…

OFFICE KITANO INC
ダンカン①
Date

元気ネタ

…しん坊チャンピオン大会!!』
…しく食べてもらうのはつくった者としては嬉しい。そして
…がとりわけ解りやすいのは、やはり「喰いしん坊」
…代の喰いしん坊たちであろう。たしか、私の記憶
…現在の山下真司が9代目であったはず。そこで
…ん坊、村野武範、梅宮辰夫、石坂浩二等々を
…実は、どの人が一番美味い表情で食べる
…クションを競ってもらう。たぶん山下さんが敗
…とまずいので、山下さんの出演は無理だと思
3人くらいは集めたい!
…編、和食編、洋食編などのリアクションを
…が、まずい手づくり料理をつくるが、その…
…のリアクション勝負…

もくじ

ダンカンの証言

放送作家ダンカン誕生の背景

——ダンカンさんと言えばたけし軍団の一員であり役者としても活躍されていますが、テレビのバラエティ番組づくりに関わる放送作家としても『天才・たけしの元気が出るテレビ!!』（1985年〜1996年に日本テレビ系列で放送）や『痛快なりゆき番組 風雲！たけし城』（1986年〜1989年にTBS系列で放送）などに関わられてきました。ただ後者の裏方仕事については知らない方も多いと思います。どういう経緯で放送作家の仕事にも携わるようになったのでしょうか。

ダンカン　最初は『元気が出るテレビ』ですね。その第1回目がとにかくつまらなかったんです。テリー伊藤さんが総合演出家として松方弘樹さんや木内みどりさんたちを集めて、「風林火山商事という会社を作って社長のたけしさんにプレゼンしていく」みたいな内容だったんですが、全然おもしろくなかった。それをたけしさんがどうにかしておもしろくしようと思って、ずーっとしゃべり続けて、4時間ぐらい収録したんじゃないかな。

その収録のあと、たけしさんが激怒したんですよ。あの時間帯はテレビの最高のゴールデンタイム中のゴールデンタイムですよね。だから、納得いかなかったんでしょうね。「おいテリー、なんだあれは！　俺が恥ずかしいじゃねえか！」って。めっちゃくちゃ怖かった。そのとき僕がすぐそばにいたもんで「ダンカン、お前『元気』入れ」「テリー、俺、ダンカン入れるからな」と。というのも、それまで軍団のやるコントの台本は僕が全部書いていたんですよね。

それから右も左もわからないまま作家としても入っていくことになりました。「つまんなかったらあんなに怒られるのか。絶対イヤだ」という恐怖が半分、もう半分は「たけしさんを笑わせられればいいのか。こんな光栄なことはないな」という気持ちでしたね。たけしさんは「すごいな」と口に出して認めてくれたりはしないんですけど、おもしろいと思ってくれたときは表情でわかりますから。
『元気』は番組の冒頭で「こんな○○はイヤだ」とか「こんな○○はいらない」みたいなお題をフリップを使って読み上げていく「たけしメモ」というコーナーがあったんですが、そのコーナーについて、たけしさんもハードワークで疲れていたから「お前、考えといてくれよ」と言われたことがすごくラッキーでしたね。もちろんたけしさんも考えますが、僕が考えたものもわりと使われて、それが現場でウケたりたけしさんが笑ってくれたりすると「やったー！　もっとがんばろう」と思いました。そんなふうにして、たけしさんや軍団が出る番組に放送作家として次々関わるようになっていきました。
たけしさんはもちろんプレーヤーとしてとても忙しいんですが、常に自分で考えなきゃ気がすまない人ですから。アイデアをポンポンポンと機関銃のように言うので、おそらく慣れてない人だったら意味がわからないんじゃないかな。でも僕は点と単語だけで言われても、たけしさんはこういうふうにやりたいんだろうなっていうのがわかったし、それをまとめることもできたし、そこに自分の言葉を追加していけるところが、たまたま合っていたんでしょうね。僕はたけしさんの近くにずっといさせてもらったし、基本的にはツービートの頃からたけしさんの感性というか、ああいう発想が好きだったからなんでしょうね。自分に近かったというか。

ネタを出すには24時間、頭をバカにする

――では放送作家としてのダンカンさんが、どんなふうにこの本に収録しているような企画書を作っていったのかを訊いていきたいと思います。まずは道具、たとえばノートや文房具にこだわりはありますか？
ダンカン　なんにもないんですよね。革張りのノートを使うこともあれば子どもが使うようなノートのこともあるし、どこかでもらったものでもなんでも使います。紙質なんかもこだわらないですね。高級なノートは書きやすいなと思いますけど、だからといってずっと使うこともないですし。
――企画書はB5のイメージがありますが……。

ダンカン　そうですね。昔はテレビ局のペラ（原稿用紙）があったので、それに書いていました。この本に収録されている企画書にもそのペラを使ってボールペンかエンピツで書いたものがけっこうありますね。

――企画を考えて書く場所は決まっていますか。

ダンカン　いたるところで書きます。というのも、昔は寝る時間がないぐらいスケジュールが詰まっていたもんで、ひどいときは自分のいる場所がわからなくなったり、「なんでここにいるんだろう？」と思うときがあったくらいでした。だもんでバス移動のときでもなんでも、ちょっとでも間があったら何かしら書いていましたね。『元気が出るテレビ』のときは土日にロケがあって演者として出演して、月曜はスタジオ収録。軍団のみんなは帰っちゃうけど僕と（水道橋）博士は作家として火曜の番組会議に備えて残って朝方まで企画を書いて、2時間くらいだけ寝て会議に出てました。だから、寝っててもネタを考えてたんでしょうね。僕も博士も。

――企画を出す秘訣は？

ダンカン　24時間、いかに頭をバカにしていられるか。これしかないと思いますよ。構えていきなり「さあ考えましょう」ってやったって企画なんか書けないですよ。ネタ帳を常に持っておく。そうするとふだん街を歩いているときでも、実際に目の前にあるリアルの景色から、もうひとつの映像が自然に見えてくるって言うのかな。たとえば車道にクルマが走っていたとしますよね。その中で、うんこを運ぶバキュームカーのタンクの一部が壊れちゃってうんこ漏らしながら走り始めたらどうなるだろう？　と想像するんです。あるいは、温暖化で平均気温が48度になっちゃったら街の風景はどうなるだろう？　みんなほとんど裸で歩くんじゃないか？　そしたらどんなやつが現れるんだろう？　みんな裸で歩いてるなら逆に服を着てるやつが変態ってことになるんじゃないか？　とかって。あとは「髪の毛、伸びてきたな」と思ったら「床屋行かなきゃ。伸びてますよ？」から始まる芝居を頭の中で始めたり。「髪の毛なんていくら伸びても死ぬわけじゃないし、死ぬまで伸ばしたらどうなるんだ？」なんて頭の中で会話して、本当に死ぬまで伸ばしたらどうなっていく？　みたいに展開させていくんです。

――そういうことを常に考えている？

ダンカン　そうですね、ずっとそんな感じです。ただ、マジメなことは考えない。よくテレビでもお笑い芸人がコメンテーターとして政治の話とかしてますよね。だけど政治は専門家の政治屋さんがマジメに考えてなかなか答えが出ないようなもんなんだから、僕ら芸人がマジメにしゃべってどうすんの？　と。それは20代前半で悟りました。でも政治に関心がないわけじゃなくて、選挙は行きますよ、もちろん。行ったらもしかしたらそこで「選挙反対！」みたいに暴れるやつとかがいるかもしれないですからね。

撮ったときに「おもしろい」と思える絵（映像）が5、6個は浮かぶ企画を

——選挙だってネタのきっかけになりますもんね。そんなふうに日常的にいろんな妄想をしてネタ帳に書き込んでいって、そこから企画書に落とし込むための変換のプロセスがありますよね？

ダンカン　「穴の空いたバキュームカーからうんこが流れる」とか「温暖化で日本が常夏になる」「山形弁が日本の標準語になる日」「すでに地球に来て生活しているけど、内気なためその存在をアピールできない宇宙人の悩みを解決してあげよう」といったものを1日20～30個書く。それをある程度時間が経って落ち着いたところで見返すわけです。思い付きってあとから振り返ると大概はおもしろくない。4分の3ぐらいは「あのとき何考えてたんだ？」と思いながら消していきます。それでもひっかかって残ったものについては「日本が48度になる……じゃあ、日本がハワイになったらどうなるだろう？　どこかの街をハワイにしてみよう。たしか鳥取に羽合（はわい）町ってあったよな。ん？　逆に日本の寒い冬のときに『ハワイだ！』って言って鳥肌立たせながらフラダンスを楽しむお姉さんたちがいたらどうだろう？」なんてぽんぽんアイデアを飛ばしながら「これとこれはつなげられるな」って。

——ネタ帳の中でまとめていく？

ダンカン　そのくらいになると自分の中で絵として思い浮かんでいるんです。だから寒くて氷が張っているところに「ハワイの海だ！」って芸人が言って飛び込んだら氷の上に体が浮かんだり滑ったりするな、とかね。もちろん、現場で撮ってみると「おとなしい子が坂道からすごい転げ落ち方をする」みたいな、とても計算ではできないような絵が撮れることはあるんです。だけど企画

書の時点で「これはこうなるだろう」だとか「最終的にこんなふうにオチる」みたいな「答えの絵」を最低でも5つか6つは考えます。そのくらいできなかったらテレビの企画にはならないと思ってやってきましたね。だから仕込みというか、仮にヤラセで撮ったとしても「おもしろい」と思える絵を考えて、打ち合わせ（会議）に臨みます。

——ネタ帳からネタの選別が終わったあとで、企画書にまとめる作業はひとつに対してどのぐらいの時間をかけていたんですか？

ダンカン　2、30分でしょうね。ネタ帳に街で見たことを走り書きして、それを集めてつながるようにまとめたときにはもう4コママンガみたいに頭の中にできていて、あとはもう提出用に紙に書くだけですから。

僕のひとつ上の世代までの放送作家は、4コママンガの3コマ目までしか書けない人がいっぱいいたんです。企画書には「このあと、おもしろい演出をお願いします」とか「みんなぐちゃぐちゃになって大騒ぎ」なんて書いてあるだけでディレクターに投げちゃって、肝心のおもしろい部分が書けない人。当時たけしさんも「こんなの作家じゃねえだろう。そこを書くのが仕事だろ。なんで演者に『お願いします』なんだ」ってよく怒ってましたから。だから、僕やそーたになんかの世代から4コマ目まで当たり前に書くようになったんです。

——メモをもとに企画書にするやり方はコントなんかにも活かせそうですね。

ダンカン　そうですね。コントもある程度は4コマに近いですから。途中に枝がいくつか入ってはいますけど、大筋に戻ってきてオチまでいく。みんながこういくだろうっていう予想を外すオチの付け方は、いしいひさいちさんのマンガから学ばせてもらいましたね。

——絵が入っている企画書はダンカンさんの特徴ですよね。

ダンカン　昔、ある人にたけし軍団に対して「あなたたちはすごいね。海水パンツで熱湯に入って」って言われたんですけど、別にすごくないんですよ。言葉を使って笑わせるものの方が難しい。そもそも言葉を使った笑いは、その国の言葉を知っている人にしか通じないですからね。でも僕らの笑いは熱湯に入って「あつっ！」ですから。世界中どこの人だってきっと笑いますよ。映像的な笑いが一番強いから、企画だって絵で伝えるのが一番わかりやすい。

たとえば世界各地に古代から人類は壁画に描いて絵を遺していますよね。そのときに使われていた言葉がわからなくても壁画を見れば「ああ、このときこういう動物がいたんだな」「ここで鳥の狩りをしてたんだな」と、いくら時間が経ってもわかるじゃないですか。僕らが子どもの時だと赤塚不二夫さんが『おそ松くん』で描いたイヤミの「シェー！」とか、みんなマネしましたけど、あれだって絵的な笑いですよね。（水道橋）博士なんかは「絵が描けない」って言うんで「マッチ棒みたいな人間でもいいから、描いたら違うよ」ってよくアドバイスしましたけどね。

コースを振る舞うのが演出家、
放送作家は演出家に単品料理を提供する

——ダンカンさんの企画書を見ているとルールがありますよね。『風雲！たけし城』の企画書だと提出者、日付、ゲーム・タイトル、イラスト、内容・ルール等、見どころ、備考。『元気が出るテレビ』だとタイトル、企画主旨やシチュエーションの説明があって、例や予想シーン、イラスト。

ダンカン　そうですね。まず「こういうことをやりましょう」という全体の説明があって、予想シーンを書くのが基本ですね。「予想シーン」は「これが撮れれば絶対おもしろく成立するよ」という部分です。ただここはあんまり細かく台本みたいには書かない。というのもあくまで撮るのはディレクターですから。企画書の解釈も10人いたら10人の感覚がある。だから現場に行ったときにディレクターが「こういうのも考えました」って膨らむ企画の方がバラエティはおもしろくなるんですよ。

——企画書は番組全体からするとどういう存在ですか？

ダンカン　レストランで言ったらコースとして振る舞うのが総合演出家。僕ら作家はそれぞれにひと味違う個性のある単品料理を用意して「これは食べたことない味だな」「おたくさんにだけ特別に用意しておきましたよ」と演出家に思わせる、という感じかな。その単品料理が企画書です。

——企画書をもとに、その後はどんなふうに番組を作っていくのでしょうか。

ダンカン　レギュラー番組だったら定例の週1の会議で放送作家がひとりひとり総合演出の人に対して——たとえば『元気が出るテレビ』ならテリー伊藤ですよね——プレゼンをして、「おもしろいじゃない」となったらもっと具体的に「その装置どうやって作るの？　風吹いてきたらダメなんじゃない？」

「場所はどういうとこにする？　あー、それは物理的にロケが無理だよね」みたいに話しながら詰めていく。それをクリアして最終的に残ったやつを「じゃ、これとこれとこれをやるか」と決定します。それからひとつの番組の中に4つのコーナーがあったら、それぞれの担当ディレクターと企画を書いた放送作家とで打ち合わせをして進めていきます。
——実際に撮影する企画はプレゼンしたその日に決まる？
ダンカン　その日に決まる場合もあれば、「これは何かもう1個加わるとでかい企画になるんじゃない？　来週まで宿題としてみんなのアイデアが欲しい」となったら持ち越しになります。
——企画が採用されてディレクターと詳細を詰めたあとの、放送作家の関わり方は？
ダンカン　そこはそれぞれなんですけど、基本的には作家が現場に行くことはあんまりないです。ただ僕はドッキリなんかの間とか動きとか空気感が絶対に大事な企画のときは現場に行って「ここはこのタイミングでこう行ってほしい。で、あいつが振り向いたら今度は……」みたいなコント的な細かい演出をお願いすることもありました。

おもしろいことを考えたいならノリから変えよう

——この本を読む、テレビやYouTubeなどの放送作家やその志望者に向けてひとことお願いします。
ダンカン　『元気』や『たけし城』の頃は作家はなんでも好きなことを書いて、演出家もおもしろければテレビに映せたんですよね。でも今は放送作家がおもしろいことを考えても「お金がかかるからできない」とか「モラル的に人を海に突き落とすなんてできない」ってなっちゃうから、悔しいこともあると思います。芸人だって「笑ってもらえるなら死んでもいい」「骨の1本くらい折れてもいい」って当時は普通に言ってましたから。僕らは自由でむちゃくちゃな時代にテレビに関わらせてもらったんだろうなと思いますね。
　ただ、実際にできるできないは別にして、本当におもしろいことを考えたいなら今だって変わらないところもあると思うんですよ。さっき「24時間バカになる」って言いましたけど、僕は会議のときでもいつもふざけていましたから。あるとき『元気』の会議にいきなり金髪にして行ったら、テリーさんが「コラーッ！　お前ら！　こういうことができないから才能がないんだ！」って自分が集めた放送作家予備校の若手を叱って、その日はみんなで髪を染めるだけで終わったこともありました（笑）。

テリーさんは「ラテンのノリが足りない！」とよく言ってました。困ったときは楽しく！　踊っちゃえばいいんだ！　みたいなね。「企画」だとか「会議」って言ったって、バラエティ作るのに机に向かって堅苦しくああだこうだ言っても始まんないんですよ。

手書きの企画書の一部は、記録として「ワープロ 書院」のフロッピーディスクにスキャンして保存していました。本書ではこの中の一部も使用しています。

第１章

『痛快なりゆき番組 風雲！たけし城』の企画書

1986年5月2日から1989年4月14日まで、TBS系列で放送されたバラエティ番組。
企画書は週に約3本。年間150本を提出しました。
『たけし城』は、企画というよりはゲームを考えるのがメインで、
人気になった「竜神池」は僕のアイデアです。
企画は、とにかく「人が死なないもの」を考えるんですが、
それだけではおもしろくないので、プロレスでいうところの
カウント2.5ぐらいのところまでになるようなものをイメージしています。時代ですよね。
あと収録していた「緑山スタジオ」を使って、ここだったら何ができるんだろう
というように、池や斜面などの地形を元にしてアイデアを作っていきました。
『たけし城』は出演もしていたんですが、作家として会議にも毎回出ていました。
でもきちんとした会議というよりは、撮影が終わったあとに、
プロデューサーやディレクターを交えて、今日の反省も含めて
次はどういうものをやろうかという話し合いのようなもので。
いつも僕はそのまま残り、他の出演者はロケバスで帰ってくという日々でしたね。
（ダンカン）

痛快なりゆき番組

風雲！たけし城

提出者	ダンカン	1/20(水)提出
ゲーム・タイトル	特別おわらい企画 私は誰でしょう？	

イラスト

1間

Ⓑ Ⓐ

大森　タカ　義太夫　ユーレイ　松尾
ダンカン　ラッシャー　枝豆　らっきょ　[illegible]
忍竜　トカシキ　岡田　金剛　[illegible]
凡人　城　洋七　正一　正二

内容・ルール等

たけし城出演者が、変装してⒶのカベからⒷのカベに、走り抜ける。
攻撃軍は、それが誰であるか、普通の顔写真と見比べて当てる。
当たらない場合は、ホースで放水される

見どころ

出演者の変装がみられて2倍楽しめる。
正一、正二に当たった人は、山カンしかないのでざまあみろ！

備考

出演者は、2パターンくらい変装して欲しい。

痛快なりゆき番組 風雲！たけし城	提出者	ダンカン	1/20（水）提出
	ゲーム・タイトル	地震だ皆さん!!	

イラスト	
内容・ルール等	地震だジイさんの大型版. 4本の柱だけの家が何本かのワイヤーでつられている. 床はすべりやすくなっていて. 攻撃軍は. 手袋と靴下で家の中に入る. ワイヤーをゆるめたり. ひっぱったりして家をかたむかせ. 地の池（又は粉）に落ちた者は失格.
見どころ	水面まで2m程にしておき. 家のはじにしがみついていても. 合格として認める事にしておけば. あきらめの悪い者がブラブラとしがみついている姿がみられる.
備考	家の中までは. 渡しの橋で行く.

痛快なりゆき番組 風雲！たけし城	提出者	ダンカン	1/20（水）提出
	ゲーム・タイトル	海は深いな大コワイな!!	

イラスト

（横からの断面図）※実際はもっとストロークが長い。

ゴール　スタート　スチロールの粒の池

（上からの図）

ゴール　スタート

2mの深さがあり一瞬で姿が消えるところ。

内容・ルール等

スチロールの粒の池に入り、ゴールを目指す。途中、底の深さがマチマチで、最高2mの深さがあり、そこに入ると顔まで一瞬にしてうまってしまい失格。

見どころ

深さにより、顔だけが歩いている時や、急に姿が消えるシーンが予想される。

備考

埋まった場合は、すぐに救出しなければならない

痛快なりゆき番組
風雲！たけし城

提出者	ダンカン	1/27（水）提出
ゲーム・タイトル	緊急特別企画ゲーム 第2砦 火つけでポン!!	

イラスト

桂さん

スタート

内容・ルール等

攻撃軍（ゲームさん）は、第2砦の下からタイマツに火をつけて、のぼってゆく。
そして、その火で、上の導火線に火をつけると花火があがり合格だが
砦の上では、鬼の様な顔の桂さんが消化用のホースをもっていて火をつけさせまいと、タイマツに向って放水してくる。うまく、それをかわし、花火を上げて欲しい。

見どころ

放水により、足元もすべるのでコケル。

備考

タイマツは、1分程で火がなくなる様に工夫する

痛快なりゆき番組 風雲！たけし城	提出者	ダンカン	1/27（水）提出
	ゲーム・タイトル	イナバの白兎（うさぎ）ゲーム	

イラスト

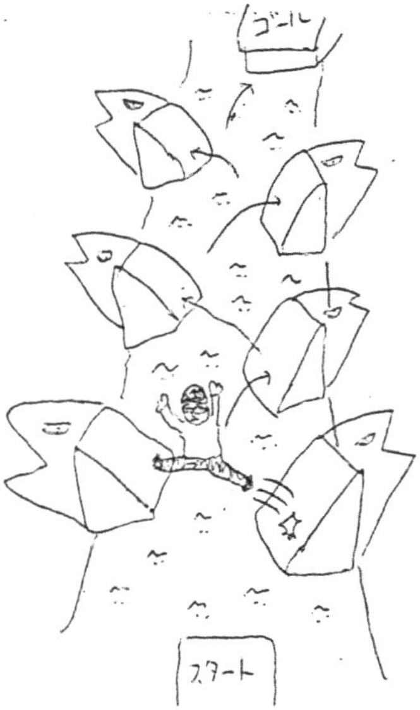

ゴール

スタート

内容・ルール等

イナバの白兎の様にサメ（ワニだったかも知れない）の背中の上を順にジャンプしてゴールを目指す 背中は急角度になっている上すべりやすくなっているので難かしい。

見どころ

備考

痛快なりゆき番組

風雲！たけし城

提出者	ダンカン	1/27（水）提出
ゲーム・タイトル	鳥人間でポン	

イラスト

内容・ルール等

攻撃軍に大きな羽根をつけさせて、ロープでつる。両手であおげば動く様にちゃんとしておいて、レースをする。4・5人で競走して、ビリから2人くらいは、守備軍の放水をうける。

見どころ

必死で羽根をあおいでいる姿

備考

羽根をあおいで、ちゃんと進む様に、美術の中島さんとの打合せが大事

痛快なりゆき番組 風雲！たけし城	提出者	ダンカン	2/3(水)提出
	ゲーム・タイトル	たけし城 田代さん待望の アミダでドヒャ〜ン!!	

イラスト

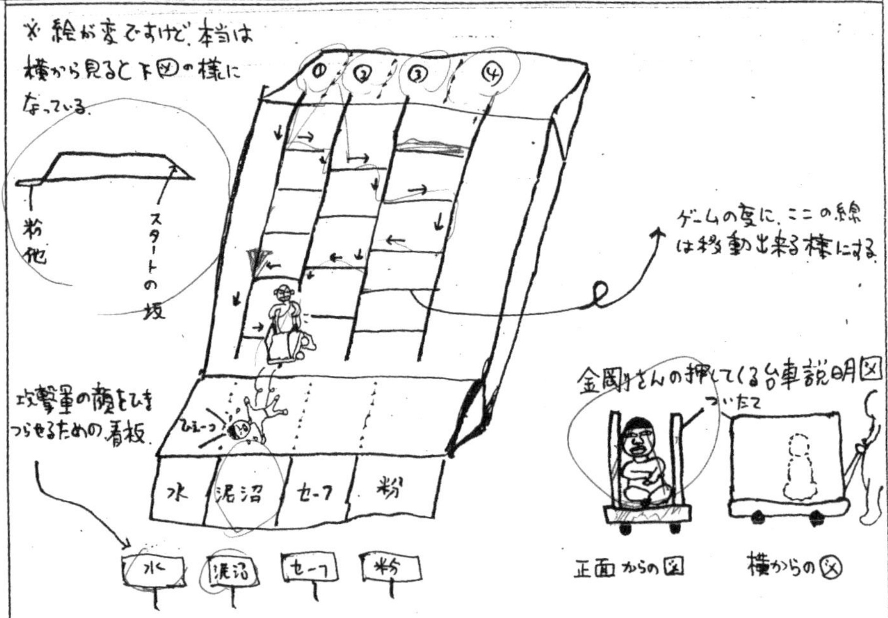

※絵が変ですけど、本当は横から見ると下図の様になっている。

粉他

スタートの坂

① ② ③ ④

ゲームの度に、ここの線は移動出来る様にする。

ひえ〜っ

攻撃軍の顔をひきつらせるための看板。

水 泥沼 セーフ 粉

水 泥沼 セーフ 粉

金剛さんの押してくる台車説明図

ついたて

正面からの図　横からの図

内容・ルール等

攻撃軍は、スタートで①〜④のアミダをひき、台車に座わる。その台車を例えば金剛さんが押してスタートの坂を上がってくる。(台車に乗る前の攻撃軍にアミダを憶えられない様に坂の下の位置では見えない) その後は、金剛さんはアミダ通り進んで、ゴール前の坂のところで、台車を持ち上げ、攻撃軍をころがす。セーフのところのみ合格。押している途中で、攻撃軍に悟られない為に、台車の両サイドについ立てをおき常に前しか見えない様にしておく。

見どころ

攻撃軍の自分の進行方行に、粉を知らせる看板等あると、「ヒャ〜」と焦るがゴール瞬前で曲がり、セーフに行った時の「ホッ」とした表情の変化や、その逆の場合の顔の変化

備考

①アミダの横の線は、すぐはがせるテープ(幅のあるもの)等にして、ゲームの度にアミダが変わる様に考える

②カメラの位置に十分注意してテレビを見ているんに、先にアミダをよまれない様にする。

痛快なりゆき番組 風雲！たけし城	提出者	ダンカン	2/3（水）提出
	ゲーム・タイトル	ひな祭り企画 おだいり様とおひな様	

イラスト	
内容・ルール等	攻撃軍に、おだいり様又はおひな様のカッコをかぶせて、昔ゲームであった、すべり台で、どんどん角度を上げてゆくのを、4・5人一組でやるゲーム。ゆっくり、ゆっくり角度を上げてゆき、最後まで残った者が合格。
見どころ	
備考	

痛快なりゆき番組
風雲！たけし城

提出者	ダンカン	2/3 (水) 提出
ゲーム・タイトル	天国へのホール	

イラスト

上の穴に入るための足かけ場

ワーッ

ここの巾は狭い

内容・ルール等

攻撃軍は壁にあいた穴から身体を向こう側へ全て入れたら合格。
但し、向こう側には、金剛さん等の怪力男がいて、じゃまをして水の中にたたき落とそうとする。フェイントをうまく使って入る様にする
穴の大きさは、楽に入れないくらいの方が良い

見どころ

備考

痛快なりゆき番組
風雲！たけし城

提出者	ダンカン	2/24(水)提出
ゲーム・タイトル	雪玉でポン	

イラスト

←攻撃軍
ゴール
スタート
軍団
軍団のみえるはんい

内容・ルール等

攻撃軍はゴールを目指して走る。軍団がなげる雪玉が当たったらアウト。
軍団は自分の視界に入ってこないと玉は投げられない。

見どころ

備考

痛快なりゆき番組 風雲！たけし城	提出者	ダンカン	2/24（水）提出
	ゲーム・タイトル	回転でポン	
イラスト			
内容・ルール等	グルグル回転している盤の上をジャンプしてゴールを目指す 回転方向は同じ方向とばかり限らないので池におちる		
見どころ	バランスをくずして池に落ちる姿		
備考			

痛快なりゆき番組 風雲！たけし城	提出者	ダンカン	2/24（水）提出
	ゲーム・タイトル	雪山に架ける橋（戦場に架ける橋アレンジ）	

イラスト

内容・ルール等

雪の上に、ひとり用のソリを持って、走ってねそべってセーフゾーンを目指す。
オーバーすると、25°くらいある斜面になっていて、はるか下まですべっていってしまう。

見どころ

失敗して、下までずーっとおちてゆく姿がマヌケ。

備考

テリー伊藤の証言

ダンカンは「軸がブレない」作家だった

――ダンカンさんの企画を初めて見たときの印象はいかがでしたか。

テリー　そんなにはっきりとは覚えてないけど、最初に企画書を見たとき目に入ったのは、やっぱりあの独特な字ですよね。おもしろい作家はみんな丸文字。ダンカンに限らず、字でだいたいおもしろいやつはわかりますよ。それからダンカンの企画書には絵が入っていて楽しいし、わかりやすい。こいつすごいな、天才だなと思いました。

――テリーさんが考える、放送作家としてのダンカンさんの独自性はどんなところですか。

テリー　見てもらえればわかるけど、昭和のにおいがしません？　俺はどっちかというと新しいものが好きなんだけど、ダンカンは昔のものをうまく採り入れていく。俺はそのダンカンの企画を今に適応させるにはどうしようかな、と考える。当時は「若い人に向けて作んないと」という気持ちがあったんだよね。たとえば素人の男女を集めて集団お見合いをさせる『ねるとん紅鯨団』（フジテレビ系列／1987年～1994年放送）の企画は、最初は『元気』でやったんですよ。たけしさんの番組だけど、とんねるずがやっていたような新しいことを採り入れたいと思ってね。だけどそういうものに対してダンカンは抵抗があったみたい。たけしさんのところの人だからそういう想いがあるのは当然だけどね。

　ダンカンは「流行りだから」とか「若いやつにウケそう」みたいな理由で軸がブレないんです。好きなことをやる。放送作家って言ったって、だいたいは他の誰かの企画を見て「こういうのはどうか」って考えるアレンジャータイプなんですよ。だけどダンカンは自分の「型」を持っていた。そーたにもそうだけど、ダンカンは抜きん出てましたよ。だから今見てもドキドキする。

作家は会議に出て自分の企画について説明するわけだけど、（水道橋）博士と違ってダンカンはプレゼンがうまくないんです。セールスマンにはなれないタイプ。人間として不器用なところがある。だけどその対人関係の不器用さ、欠落している部分を補うだけのクリエイターとしての才能がある。

――ダンカンさんは企画を出すコツを「24時間バカになること」と言っていましたが、そういう印象は受けましたか？

テリー　「バカになる」と言っているということは「バカじゃない」から「なりたい」ってことだよね。だから、バカじゃない自分がいるのがコンプレックスだったんじゃないかな。本当はバカになりきれてないわけだから。まあ、クリエイターはみんなそうだと思うけどね。

ダンカンが偉いなと思うのは、自分が書いた企画書を律儀に取っておいてることだよ。ここにマジメさがある。これがあるからバカができる。普通はこんなノート残さないよ。

前の世代がやっていないことをやっただけ

――ダンカンさんの前の世代の放送作家との違いは？

テリー　ダンカンはね、土くさい。昔はおしゃれな放送作家が多かった。ちゃんとした教育を受けて、いい学校を出て、専門的なことを知っていて、教養がある、みたいな人じゃないと、なかなかそれなりのポジションに就けなかった。かつては放送作家自体が多くなかったけど、たとえば青島幸男さんがそう。作家に限らず音楽でも同じで、音楽教育を受けて譜面が読める人が音楽家になった。そしてアメリカのポップスを日本語に訳して歌っていた。オールディーズとか、ビートルズだって最初は日本語に訳してカバーしていたわけだよね。だけどそのあとの世代になると、レコード会社のオーディションを受けてディレクターに「きみ、いいね」とかって大人のフィルターを通して採用された人たちじゃないミュージシャンが出てくる。吉田拓郎とか井上陽水みたいなシンガーソングライターがね。音大も出てないし、作曲家の先生に師事したわけでもない人たちが路上演奏で人気を得たとかをきっかけにして有名になっていった。そこで地殻変動が起こった。

言ってみれば俺やダンカンはそのテレビ業界版ですよ。『元気』みたいな番組自体がなかったんだから。前の世代のテレビマンは『巨泉×前武ゲバゲバ90分！』（日本テレビ系列／1969年〜1971年放送）とか『シャボン玉ホリデー』（日本テレビ系列／1961年〜1972年、1976年〜1977年放送）はアメリカの番組のフォーマットを持ってきて巧みに作っていたんですよ。ちゃんとしている、優秀な人たちがね。でも俺たちは野良みたいなもんだから、それと同じことをやっても勝てないと思った。じゃあ、何をやるか。俺は『元気』では今までにないものをやりたかった。だけど最初の頃は俺が何をやりたいのかがみんなわかんなくて、最初の2、3カ月は途方に暮れてたね。俺が「こうやりたいんだ」と言っても、うまく映像にならなかった。それがだんだん伝わってきたときに作家として近くにいたひとりがダンカンですよ。

——水道橋博士もそーたにさんも、『元気』の頃のテリーさんとダンカンさんは「見たことがないものを作る」点で一致していたと語っていました。

テリー　誰だってそうだと思いますよ。そんな難しいもんじゃない。「これ、おもしろくない？」と思って仕事していただけであってさ。もちろん、たけしさんに認められたいとか、「これはたけしさんも理解できないだろう」みたいな気持ちもあったし、視聴率を取りたいとかいいものを作りたいとか思っていたけど、それは別に今のYouTuberだって変わらないと思う。もちろんあの頃もパクリばっかりで番組作っているディレクターもいましたよ。だけど俺たちはプロ意識を持ってがんばっていた。そのくらいのものですよ。

——逆にダンカンさんやテリーさんのあとの世代との世代の違いを感じるところはありますか？

テリー　いや、別に俺たちがテレビの作り手としていなくなったって、今の若いやつも優秀だからね。ときどき「あの伝説的な」云々とかって持ち上げようとするやつがいるけれども、そんなつもりで作ってないんですよ。そういう言い方は若い作家からしたら「何、偉そうにしてんだ」と感じるだけでしょ？俺は自分たちが特別だったなんて思ってないんです。俺たちがすごかったというより、たまたまそういう時代にテレビの世界にいて、ああいうことをやれたというだけ。今の人には今の人のおもしろさがありますよ。

誰にでもわかるIQが低い企画

――そーたにさんが「ダンカンさんの企画はディレクターに挑んでいるようなところがある」と形容していましたが、映像にするテリーさんはどう思われますか。

テリー　たしかにダンカンの企画はおもしろかったけど、このおもしろさを全部こなせるかなというところはあった。おもしろいものを書くのとおもしろい映像にすることは、また違うからね。マンガを描くのとそれを映画にするのが違うのと同じです。ダンカンの考えていることを映像にするとなると、こっちは大変ですよ。難しい！

たとえば『元気』の「裸族集会」とかね。あれは企画自体はおもしろかったけど、撮影してみるとそんなにおもしろくならなかったわけ。ダンカンのせいじゃなくてこっちの力量でね。たしかに本当に裸のやつがいたらおもしろいけど、でも「裸族」って言ったって地上波でチンチン出すわけにいかないじゃない。俺たちが撮ってるといっぱいお客さんが見に来ちゃうし、おまわりさんも来るしね。そうするとパンツを穿くしかない。「ああ、これ裸族じゃねえわ」ってなる。そんなふうにダンカンに申し訳ないなと思うくらい尻すぼみになったこともあった。

――逆に成功したと思う企画は？

テリー　まあ、100人隊はすごかったね。素人を100人集めて街中でいろんなことやってさ。あれは今のYouTuberの企画に通じるものがあるね。人が集まってワーッと何かしているという絵だけでおもしろい。

たけし軍団は『ビートたけしのスポーツ大将』（第1期は1985年～1987年、テレビ朝日系列で放送）で泥だらけになる「田んぼ野球」とかやってたじゃない。『スーパージョッキー』（日本テレビ系列／1983年～1999年）の熱湯風呂もそうだけど、誰が見てもわかることをやると跳ねるんですよ。ダンカンの企画はIQが高くなくても見られる。お笑いの中でもIQが高い企画と低い企画があるけど、ダンカンはIQが高くない番組をやらせたら天才的だった。

ただ難しいのは、一方では裸族とか100人隊みたいなものはやっぱり24時間お笑いのことを考えている変態の発想なんだ。だから「これはおもしろい！」と思って俺たちは撮影するんだけど、それを軽い気持ちでテレビ局のスタジオ観覧にやってきた一般の人にパッと見せても伝わらないこともあった。すごいハマるときもあるけど、「え、何これ？」って思って黙っちゃうときもあるわけ。そうするとこっちは「なんでわかってくれないんだよ」と思うんだけど、それは俺たちが悪いんだよね。ニーズに応えてないんだから。これが芝居だったら観たい人からお金を取っているし、客も元を取ってやろうという気持ちで来る。だけど俺たちはテレビというボタンを押せば無料で映る、ある種無責任な気持ちで観るものを作っているわけだ。にもかかわらず24時間頭をバカにして没頭しちゃうような人間はある種のオタクですよ。それでどうしても普通の視聴者との距離感が出てしまうこともあった。

マイナーがメジャーになる今の時代のほうが受け入れられる

テリー　だからIQの高い／低いにくわえて、もうひとつメジャーかマイナーかという軸がある。ダンカンの企画は基本的にはマイナーっぽいのが多かった。でもそういうダンカンの発想は、今の時代のほうが理解されるんじゃないかと思う。みんな許容範囲が広くなったし、今はマイナーがメジャーになってきてるじゃない。原宿より新大久保がおもしろい、パンケーキ屋より韓国料理屋がいい、みたいにね。俺はバランスを見て「マイナーに走ってばっかじゃまずい。パンケーキもやんなきゃ」と思っていたけど、ダンカンは新大久保側が軸としてずっとあった。だけど価値観が変わってきて、今の若い人は原宿も新大久保も両方好きだもんね。

昔は全然ストライクゾーンが狭かったんですよ。たとえば今はカップルで薬局行って1時間くらい物色する男女も普通にいるけど、80年代にデートで薬局行くやつなんかいなかった。行くのはコンドーム買うときくらいだよ。笑いに関してもそう。あのとき「何がしたいんだ？」って思われたダンカンの発想は、今の人に対してのほうが絶対ウケますよ。さっきも言ったようにダンカンの企画を映像にするのは至難の技ではあるけれども、今でも十分通用するおもしろさですよ。今のテレビ局のプロデューサー、ディレクターもダンカンを放送作家としてどんどん使ったらいいのに。

——この本でダンカンさんの企画を読んだ、テレビやYouTubeで活動する若手の放送作家に対してメッセージをお願いします。

テリー　どうぞパクってください。パクって自分のネタのような顔をして今ふうの装いにして出してみたら、採用されると思う。テレビでやっていくにはそういうしたたかさも必要だから、全然いいと思いますよ。YouTuberにも参考になるんじゃないかな。ただもし採用されたり、自分で「これはおもしろい、撮影してみよう」と思ったりしたら、仁義としてダンカンのところに連絡して、構成料を振り込んであげてほしい。そんな感じかな。

ダンカンは、これから

テリー　……最後にひとつ言っていいですか？　俺はダンカンはこれからだと思ってるんですよ。今のほうがおもしろいし、これからもっとおもしろくなるんじゃないのと思ってる。落語家だって芸人だって20代のキレのいいやつもいれば、70になって前立腺癌でチンチン勃たなくなってもおもしろいこと言うやつもいるわけでしょ？　年を取ると、たしかに肉体的には衰えてきますよ。トイレも近くなるし、持病も増える。耳は聞こえにくくなるし目も見えなくなるし、すぐ疲れる。不健康になってくる。だけどさ、お笑い芸人はそれを前向きにおもしろがれるわけだよ。「俺、こんなんになっちゃったのか」ということを笑いに換えることができる。カラダが思うように動かないのを嘆き悲しむんじゃなくて、どうやって自分は人生の最期を迎えるのか、どうやったら笑ってもらいながら死ねるのか、ダンカンはそこまで考えてると思う。

　トイレが近くなっちゃって夜中に4回も起きておしっこしてるんだったら、その中でダンカンはどんなおもしろいことを考えてるんだろうと俺は思うわけ。今も24時間頭をバカにしてるんだったら、今の年齢のダンカンだからこそ出てくるおもしろいものが絶対にあるはずなんだよ。それを見せてほしいよね。ダンカンは、これからですよ。

テリー伊藤（てりーいとう）……1949年東京都生まれ。演出家、テレビプロデューサー、タレント、コメンテーター。日本大学卒業後、テレビ制作会社に入社し『天才・たけしの元気が出るテレビ!!』『ねるとん紅鯨団』などのヒット番組を手がける。1985年に独立し、『浅草橋ヤング洋品店』などを総合演出。テレビ番組制作会社「ロコモーション」の代表取締役を務める。

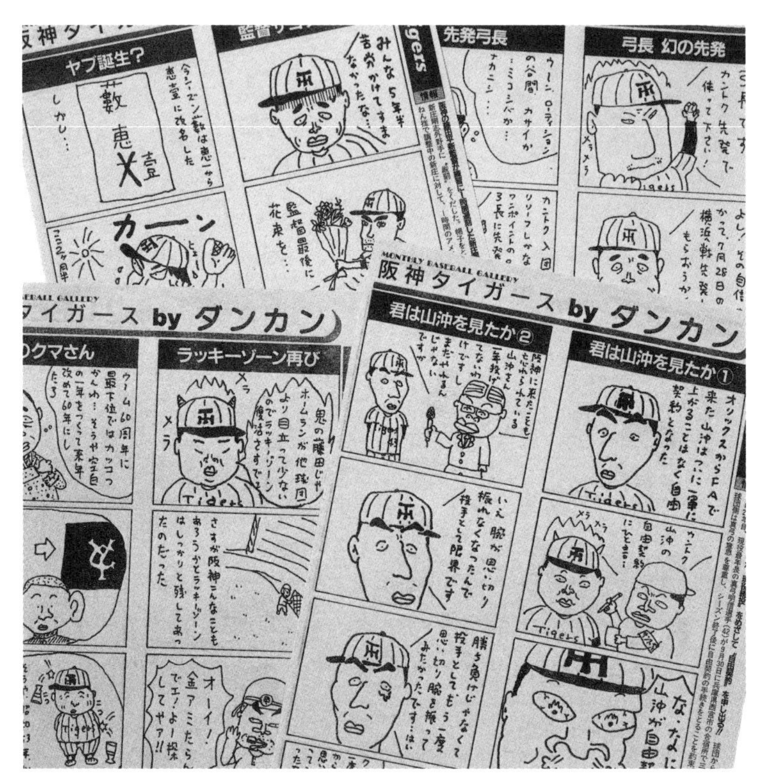

ダンカンの企画書の発想のもとになっているのが「4コママンガ」。阪神タイガースをネタにした、連載の4コママンガなども描いていました。

第2章

『天才・たけしの元気が出るテレビ!!』の企画書

1985年4月14日から1996年10月6日まで、日本テレビ系列で放送されたバラエティ番組。
企画書は、決まりがあったわけではないものの、週に約5本は提出してました。
締め切りだからやらなきゃというよりも、こんな楽しいことはないと思って
どんどん書いてましたね。ありがたいことに今とは時代が違って、
多少無茶なこともできたので、アイデアも広がっていったし、とにかく書くのがおもしろい。
手が追いつかないくらいに、字にするのがもどかしいほどに、
頭の中で先の展開がどんどんくだらないほうにいっちゃって。
それと僕は『元気が出るテレビ』の会議ではある意味外来魚みたいな存在だったので、
上下関係やその場の空気も関係なく「これ考えたんでどうですか」って
直接テリーさんに言う。そうすると、テリーさんがそれを読んだあと、
その紙をパクパクと食うんですよ(笑)。「おもしれえな、これなんだよ」って。
「こういうおもしろさがわかるか、お前ら」って。でもまだテリーさんしか
読んでないですから、周りの人はわかるわけないんですけど。
でもみんな「おお、いいですね～」って。けっこう、すごい世界でしたよ。
(ダンカン)

①

○ サンタクロースを目いっぱいロマンチックに演出する.

ガンジー、オセロ等と違い、サンタクロースという人は、残念ながら小学生でも、その存在は認めないと思いますので、この企画は笑わす、不思議に思わす、驚ろかすというものから離れて、誰もがロマンチックになりたいクリスマスの夜を、より一層ロマンチックな気分にして上げる。何んだか少しだけいい気持になった、夢を見たと思うものが良いではないでしょうか.

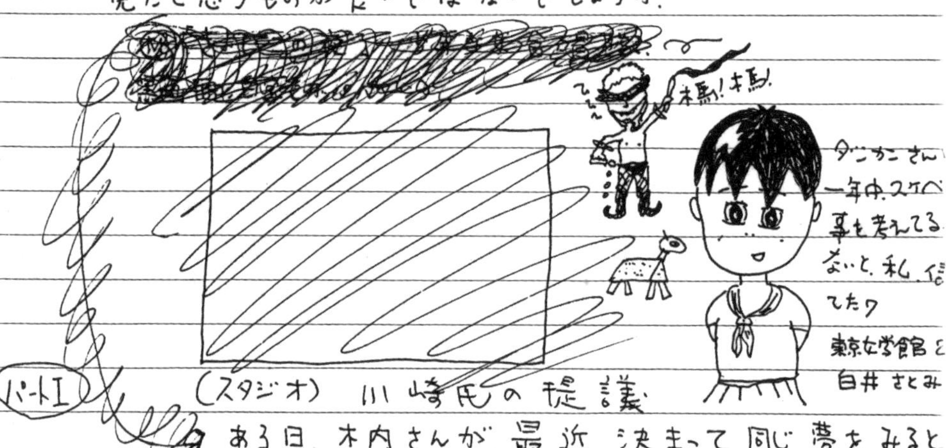

木馬!木馬!
ダンカンさん
一年中スケベ
事を考えてる
ないと私、信
てたワ
東京女学館と
白井さとみ

パートI

(スタジオ) 川崎氏の提議

ある日、木内さんが、最近、決まって同じ夢をみると川崎氏に相談する.

夢の内容は、闇の中に、かすかな光があり、その光をたどってゆくと、マリア像があり、そのマリア様は、表情ひとつ変える事なく、『イエスの墓にある3つの鐘を、クリスマスの夜に鳴らすと、もろびとの願いはサンタの姿となり天より現われるであろう』とおっしゃれるのであった。この話しを聞いた、サンタクロース評論家の川崎氏は、このせちがない世の中、マリア様が少しで

②

ダンカン

も世の中の人の気持を倖せにしてやろうという お言葉かも知れないと思ったのである。しかも、クリスマスといえば、あのイエス－キリスト様の誕生の日ではないか。

たけし「しかし、3つの鐘というのはどういうことですか川崎さん」

川崎「実は、私も色々と考えた結果、もしかすると、日本にイエスの墓といい伝えられている場所が3ヶ所（確かそのくらいあったと思う）あるんです。そこに関係しているんじゃないかと思いまして、さっそく行ってきました」

(VTR)　Ⓜ「きよしこの夜」パイプオルガン少年少女合唱隊

1985年 12月

黒の画面に白の文字
（カッパのパターン）

(VTR)
小学1年生くらいの子供から、短かいサンタクロースへのメッセージ 10人くらい
（これはかわいい）

これは、神様から私たちへの、
小さな小さなプレゼントです。
信じる者は、必ず倖せに
なるであろう　　アーメン

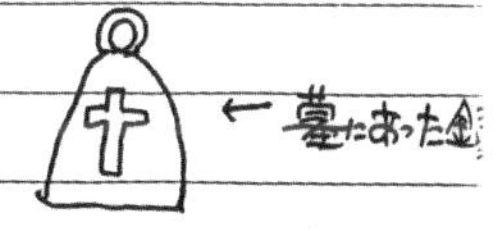

(VTR)．全国にある、イエス－キリストの墓を訪ねる川崎氏。
そして、墓に光っているモノが、埋まっていたりして堀り出すと小さな鐘であったり、そして、ついに、3つの鐘がそろう。

60.5 100

ダレカン③

（スタジオ）　3つの鐘を見せる。
元気が出る商事では、東京目白の聖カテドラル教会
の庭で、12/20日に、この鐘を鳴らしてみる事にしたと発表
たけし「何故、クリスマスなのに12/20なんですか、放送日の
事情なんかじゃないですか」
川崎「イエ、これは私、どくじの研究の結果、ハレー彗星
等の関係から、逆算して、この日が、決まった」
とごまかす。
木内「もしかすると、本当に、サンタクロースさんが来てくれるかも
知れないので、集まってくれる方々は、各自、くつ下を
持って集まるのがいいですね」
この意見が通り、当日は、くつ下自参を決める
当日参加しかくの様なモノを呈示しても良い
たけしメモ風（パネル式）例）こんな人はサンタクロースに嫌われ？
・トナカイに、シカセンベイを投げつける
・サンタクロースにサンドイッチマンのおじさんと声をかけ
等

（パート2）　○ サンタクロース登場、そしてもろびとへのプレゼントとは
・数千人による「きよしこの夜」の合唱。
・サンタクロースへのメッセージのインタビュー
・自参してきた、くつ下の紹介
○そして鐘を鳴らすマリア様のカッコウの木内社員
○ソリ型、気球等に乗って空より現われるサンタクロース。
大歓声に包まれる教会。そしてサンタクロースが『メリークリスマス！
マイ、プレゼント!!』と叫ぶと、人工の雪が降ってくる
雪の中、平和を願い、消えてゆくサンタクロース。めでたし、めでたし！

60.5 100×

株式会社イースト

④

ダンカン

○松方さん企画

・思い切って、たけし描まんきに対抗して、松方駒犬（こまいぬ）等をつくってみてはどうであろうか。

・又、げんてい販売で松方Tシャツ300枚等もつくってみるのも良いと思う。

○奈田さんの学園ドラマのコーナーを月1回「松方弘樹人情流れ者シリーズ」として発表するのもいい。このドラマは、毎回最後に人を切って、刑務所へゆくところで終わるが、翌月には再び流れ者になっているという素敵なパターン

○たけしメモに対して、松方メモを松方さんにも考えてもらっては。松方さんのは、卓上型の小さいモノで、一応ウケを狙っているつもりが、かなり真面目な意見になっていたりして、その説明とたけし社長のつっ込みでは考えられそう。

○松方さんを杉良太郎より盛り上げる構そうを社員で考える。

・オバサン達のオッカケの会が出来た。VTR

・杉良さんの流しめにたい抗出来るモノを考える。

・杉良さんの等身大人形をたたきつぶす。

60.5 100×

元気企画

No. ダンカン①
Date

『謎の無私生活男 高田純次 を追う!!』

VTR ① 誰もが不思議に思うもの、それは高田純次の私生活だ、そこで、まだ明かされていない、高田氏の番組後の行動をないしょで追跡してみる事にした。

しかし追跡班は、尾行に失敗してしまう、そして、次の日新らたに追跡すると、何故か又もや、同じ付近で高田氏は消えてしまった 3日目も追跡 同様に、同じ付近で消えた。「これは何かある」と思ったスタッフは、あたりをそうさくした。そして、あるビルの前で高田氏のいつも吸っている 特徴のある煙草の吸いがらを発見、スタッフが、その中にとび込むと、そこで見た光景は、はたして!!

St 高田氏「ついに私の秘密を見られてしまいましたよ」という内容のコメントをする。

VTR ② スタッフが見たものは、室内で、手品の練習をする高田氏の姿であった。「何んだ手品をここで練習していたのですか」と普通の事なのに、とり乱して「帰ってくれ!
出てってくれ!!」と叫ぶ高田氏であった
その時、なんと、部屋の扉が開き、驚くべき事に
もうひとり高田純次が入って来たのだ.
((ここから、ドラマ等のひとり2役の撮影をする))
渋谷 喋り始める高田氏の内容は「実は 私は双子
だったのです。でも、それは今日までかくしてきました。小さい頃
友達からリンリン ランラン等とバカにされたので、大人になった
らかくし通そうとしたのです。しかし、しつこい高田のコーナーがうけ
てしまったため、体力のおとろえを感じ始めている私は、つい
双子の兄弟にたのんでしまったのです ゴメンネ!!」
という悲しいものであった

No. ダンカン③

Date . .

『春だから、社員の体力測定』

島崎さんの身体はかなり危ない

松尾さんも、別の汗をたまには健康のために流した

方がいい。そこで、Stで、社員全員体操服に

なり、社員の体力測定を実施

たまにはあってもいい企画。

各自の、腕立て伏せ、筋肉の回数、

踏み台昇降をやり、脈で、何歳ぐらいの体力か

調べる

とび箱、マットを使って、ちょっとした実技

をみせてもらう。

元気企画　ダンカン①

『100人で行こうよ。ジェスチャー遠足』

もうすぐ、ポカポカ陽気の春。
春といえば　野山に花が咲き、草の匂いが楽しい遠足。
という事で、お弁当、水筒を持って、みんなで「ワイワイ」と遠足に行きたいところだが、今回は、「ワイワイ」行かずに「シーンシーン」と100人で遠足に行ってしまう。
人間は、そのむかし、50年ぐらい前までは、言葉なんてなくて身振り手振りで表現していたんです。それを発見した人（イギリス人）の名前から以後、そのことをジェスチャアーと呼ぶようになったんです（現代知識の基礎体温より）
そこで、今回の参加者は、全員ジェスチャー

ダンカン②

で表現して行動する

但し、みんながみんな喋らないと、音声多重放送のTVなんかもっている人は、すげえ損した気になるので高田さんだけは喋っていい事にして

例えば、野道を歩いていて、遠足のみんながノドが乾いたといいだしたら、向こうから来た村人に対して、そのジェスチャーを参加者の誰かがやって表現して、水道のあるところをきき出す

他に、自己紹介等、何処から来て趣味や特技等もジェスチャーでやらせる

ダンカン③

お東京ーさわがしい。ジキルとハイドのバスがやって来た!! ♪

バスに20人程のせて東京をグルグルします。バスの中では、全員まとまって常に片側しか座わりません。

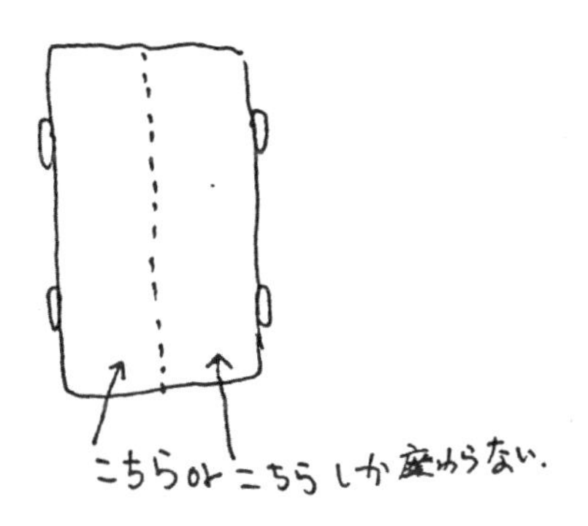

右側の座席に座わった場合は、右側の窓から見える風景、店、人、看板 全てになんくせをつける（窓から声を出すわけではない）そして、指示により、左側の座席に素早く移動すると、左側の窓から見える全てのものに対して、わざとらしくほめちぎってしまう。

ダンカン④

例えば、最近 街角で多くみられる、バブルスターの社長のパネルを、右側の座席から見ると皆んなで「いい歳してでしゃばりやがって」「社長自ら宣伝に出るなんてズウズウしいよな」「ああ、いう事してるとすぐピップの社長みたいにポックリ 行くんだぜ」と なんくせをつける。

逆に、同じパネルが、左側の座席にいるときに見えると「やっぱり、歳をいくっとっても身体きたえるってのはいい事だよな」「社長自ら、宣伝に出るなんて 力が入ってて いい会社だよ、きっと」等と、わざとらしく ほめてしまう。こうして、うるさいバスが東京を走ってゆくのです。

元気企画　　ダンカン①

それぞれの初恋

もうすぐ春。春になると人間は恋をしてみたくなるものです。そこで今回は、元気が出るテレビに関係の深い、ストロング金剛・浪越徳治郎・馬鹿馬場のお3方にスポットを当てて、その3人の初恋の人を訪ねてみたいものです。

（予想シーン）

- 初恋の人に、ボディスラムするストロング金剛しかし、顔は照れている（当然、プロレスの衣装）
- 初恋の人に、指圧をする浪越徳治郎。しかし顔はあいからわず気持悪い
- 初恋の人の前で、火吹きをする馬鹿馬場しかし顔は、いつもながらの馬鹿顔である。

⇓

3組にそれぞれ、デートをしてもらう。これは、金剛さんがプロレスのパンツ一丁で、ガラスばりの喫茶店で初恋の人と2人でお茶を飲んでいる1シーンだけでもお笑い出来る

⇓

夜は、3組計6人集まって、北の屋で、信じがたい事だが若かった頃の話しをしてもらう。キッスのひとつもしてもらいたいものだ。

ダンカン②

私をスキーに連れてって

○ 金剛さんにプロレスのカッコウをしてもらいおきざりにして、リアクションを見る。当然やらせでつくりでやる。

○ たけしとダンカンが女子風呂をのぞきにいくと地元のバアさんしか入っていなくて、風呂にひきこまれて背中を流したりするはめに落ち入る。

○ やたら、単純に雪の中の落とし穴、(1mくらいの深いモノ)に落とす。

・ 夜、参加者全員で、作詞、作曲をして歌をつくってしまう。

○ 近所の老人にこわい話しをきいた後、雪の中で、キモダメシをして、雪男を出しておどろかせる

タツカン③

あなたのヒメイ顔見せて下さい（コンテスト）

恐怖にひきつった顔に自信のある人を募集する。

ひとりひとり順番に並ばせて、カメラの前に座らせる

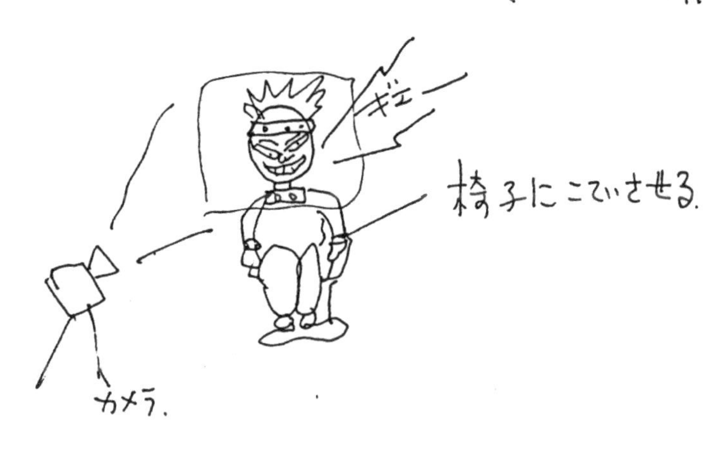

アップで顔を撮っておき、カメラの横で急に、本物のヘビ等をみせる。その時のヒメイ・恐怖にひきつった顔のスゴイ人がコンテストの1位になる。

ダンカン ①

☆ 地獄の茶色い手ぬぐい

（手術で手が悪いので口述筆記致しました。）

黄色いハンカチはなんだかんだ言っても以前つきあっていたのでずうずうしい。

この地獄の茶色い手ぬぐいは男が一方的な好きな女に一方的に手紙と写真を送りつけ、もしつきあいたくなかった場合は茶色い汚ない手ぬぐいを物干し台などに出すと言う、一方的な企画。

幸福の黄色いハンカチではきれいな公園だったのが、今回は東京タワーの展望台に男が集まる。

話を聞くのは、島崎・金剛・ダンカンの他人の恋愛などどうでもいい三人。

手紙を全員で出し後日バスで順番に訪れる。（都内近郊に限る。）

やり方は、黄色いハンカチと同じ。曲がり角から行く。

嫌いだからと言って、わざわざ面倒くさいのに茶色い手ぬぐいを出すとは限らない。出ていなかったら成功だと喜んで彼女の家をノックする。そこでふられる場合もある。ふられた奴は路上で金剛さんに四の字をかけられる。バスにも乗せてもらえず置き去りにされる。

ダンカン ②

☆ 何んか解らないけど
百人でやる

たとえばハチ公前 いっせいに百人で逆立ちする

いっせいに百人で鼻くそをほる。

いっせいに百人で風船ガムをふくらます。

いっせいに百人でシェーをする。

いっせいに百人でくしゃみをする。

いっせいに百人でしこを踏む。

いっせいに百人でシャドウボクシングをする

いっせいに百人で泣く

いっせいに百人で大笑いする。

いっせいに百人でうさぎ飛びをする

いっせいに百人で各自好きな歌を歌う。

元気が出る旅行社で百人を集め、人の集まりそうなところへどんどんと行ってやる。

ダンカン③

☆カメラに向かって一発大会（白いベンチに座って）

恋人同志でベタベタしているところを見せつけて下さい。とにかくくさい演技だったり歯の浮くような会話だったり、わざとらしすぎたりすると10万円が貰える。

例。

男「寒くないかい。」

女「ええ……純。あなたがいるもの。」

男「君の瞳って海のようだね。」

女「なぜ？」

男「君の目を見ているとくりかえす波のような愛を感じるんだ。目をつぶってごらん」

（女、目をとじてキスを待つ）

男「だめだ。僕にはできない」

女「どうして？」

男「こんな素敵な君を僕だけのものになんかできないよ。」

→（女抱きつく）

女「純…」

元気企画

ダンカン①

『変わり者憧がれツアー』

普段の生活の中で「お前は平凡だな」と他人からよく言われたり
会社の宴会や、学校の学園祭で、他の人がおもしろい事をやって人を笑わせているのを見て「やってみたいけど、やっぱり、自分には、はずかしさが先に立って出来ないんだよな、でも、一回くらいハメをはずしてみたいと思っている人のための、『春のポカポカ陽気変わり者憧がれツアー』の実施をする。

例）
- □ 八公に首輪をつけて「ホラ、早く歩きなさい」と引っ張る。
- □ 3、4人でウサギ跳びで買い物にゆく。
- □ 銭湯で服のまま風呂に入る。
- □ でかい手の掌のつくりものを持ち上げてタクシーを停めようとする
- □ 信号の有る横断歩道、団体で来て、青信号の時は、ジーッと信号待ちしている。信号が、赤に変わると、全員でゴソボソと横断歩道を渡ろうとすると、車のクラクションで渡れない、再び、青信号になると信号待ちする
- □ カメに首輪をつけて街中を散歩する

あけっぴろげの
有料トイレを通りゆく
人にすすめている人
がいると不思議だ
さぁ
さぁ
安い！
有料トイレ
一回
20円

『みんなで ひねり出そう
オナラ1000発大会』

芸能界で たけし社長 島崎社員といえば 誰もが知ってるオナラのオーソリティで有る
そこで今回は「東京ドーム完成記念 オナラ1000発大会」を開催する（別に意味はない）

《予想シーン》

- ガスマスク高田のオナラにおけるあなたの失敗談をインタビューする
- ゲストを呼び その人に記念すべき1発目のオナラをしてもらうのだが その際 オリンピックの聖火台の様なモノをつくって オナラにより 聖火がみごと点火して開幕を知らせる
- 集まった人々の中で オナラが出そうになったら手を上げて 前に出て来て 一段高い台の上でマイクに向かってオナラをしてもらう
- 途中で 空気の研究をしている学者がきて 空気のおせん濃度等を度々測る（大会前との比較）
- 途中で 全員に焼きイモの差し入れがある
- オナラでとんでもない事が出来る人をピックアップして その人の持ち芸を見せてもらう
- 記念すべき 100発目 500発目等には豪華商品を出す・最多オナラ賞も表彰する
- 1000発目の豪華ゲストにやってもらう

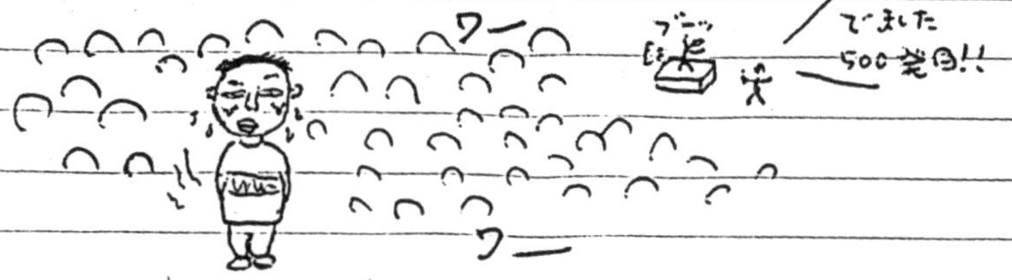

春のロマンチック企画
『ヌイグルミに、お別れを告げて!!』

ヌイグルミに別れを告げて、大人になりたい女の子（子供過ぎる自分から脱皮したい）に、各自、自分の一番気に入っているヌイグルミを持って集まってもらう。
出来れば、ディズニーランドでやりたいが予算の都合で、浅草花屋敷くらいで実施
当日、ミッキーマウス兵藤がインタビューする。その時に、インタビューされる側は、ヌイグルミを持ち、フクワ術の様に話をしなければならない。
例えば、ユキ「真由美ちゃん■の事を、プーくん（そのヌイグルミの名前）は、どんな女の子だと思いますか」
プーくん（真由美ちゃんが、人形の声になって答える）
「ちょっと淋しがりやで、でも、がんばり屋なんです」
ユキ「プーくんが、真由美ちゃんの事を淋しがりやといってますが、そうなんですか」
真由美「自分では、良くわからないんですが、友達とケンカした時なんか悲しくて寝れないんです」
という様に、ヌイグルミを持って来た女の子に、人形の声と自分の声をやらせて、楽しむものです。
最後に、別れを告げるシーンは、各自「さよなら」と「今日までありがとう」といってズラーッと並べる。同ポジのカメラで、少しずつヌイグルミを動かしてゆき、いかにもヌイグルミが歩いて去ってゆく様に夢の様な絵にする。

ソウタニくんのヌイグルミを持ってきた池田くん。

4/5

元気企画

No. ダンカン①

Date

『高田純次がたけし社長の映画製作
に刺激されて映画をつくろうとしている。』

最近たけし社長が映画監督をやっていて、それを
きいた高田氏は、俺も男なら映画の監督をやってみたい
と言い出した。そこで、元気商事では、高田氏が監督として
どのくらい才能があるのか、高田氏の一番撮りたいと思っている
数シーンを試しに撮らせる事にした。
高田氏は、テレ朝の「ゴリラ」を越えるアクションシーンを
撮りたいと云った。しかし、幕をあければ、製作費の関係
でフィルムではなくVTRになったり、渡哲也風の役者といっ
ているのに、ギャラのせいで、B級タレントしか集まらなかった。
そして、シーンも、車にとびのるシーン等、全々のれなかっ
たり、車にひかれたり、いきなり落ちたり、全々ダサイ！
という風に何シーンかやる、爆発なんか、高田さんが
車が飛び抜けた瞬間爆発と説明しているのに、全々
違う時にドーンとなったりする、とにかくおもわく通り全々
いかない内容である。

18

No. ダンカン②

Date

『野球を全く知らない
　　井森(?)とその知り合いプロ野球観戦』

いよいよ、プロ野球開幕、僕等うれいしのだが、うちのママリン等「ドラマが1週とぶから、野球なんか大嫌い!」とハッキリ言う。

そこでそんなプロ野球反対派で、しかも野球をまったく知らない女の子達を、巨人戦につれてゆき、まわりが盛り上がってるというのに

「こんな広いところに何人しかいなくて馬鹿みたい」

「早く投げればいいのに」や、又、双眼鏡をのぞき「ねえ、あの選手カッコイイ」「あれダサイ」等と、まったく関係ないことばかり言っている。

そして、あきてしまった女達は、真剣に観戦している客にイタズラを始めるのだった。

①客の前に立ちなかなかどかない

②なげた瞬間に、うしろから目かくしする。

1/5

No.
Date ダンカン③

③ となりの人に突然ひざまくらする

④ いい場面なのに、客にダラダラ質問を続ける。

等なかなか見せないエ夫をする。

江戸屋猫八の悩み

先日、「ふっ」としたことから、江戸屋猫八さんが悩んでいるという話を林家ペーさんからきいた。

きくところによると、最近、コロッケとか栗田貫一とかのモノマネが異常に人気があり私のウグイスのモノマネとかコオロギのモノマネはすいのではないかと悩んでいるとのこと。

そこで、そんな江戸屋猫八をたずね、新らしいモノマネの分野開発にのり出した。

はたして、猫八は再び日の目を浴びるのであろうか。

5/9 《沖縄 企画》 ダンカン①

『オキナワ 水中ディスコ コンテスト』

青い海 白い波 オキナワはもうすっかり夏

そんな太陽の下で、現在（イマ）オキナワで尤もヤングの注目を集めているものがあった。

それは、開放的なオキナワのヤング、屋内のディスコでは満足出来ずに、何ん水中で踊りながら自分を表現するというものだった。

ルールは単純、数人で海に浮かんで、セーノでもぐり、踊る人以外は、見ているというもの。そうして、順番に踊ってゆき盛り上がるというものだった。

水中なので、色々なカッコウになれるのだった。

※但し、30秒くらいしか踊れない欠点はある。

踊る人以外は水中メガネをつけてみている

・とにかくキレイな水中でやるべし

IVSテレビ制作株式会社

ダンカン②

『砂浜にオキナワ美女を探し歩く
高田ナマハゲが出現した』

キラメク砂浜に女性の悲鳴が響き渡る
そうそこには美女を狙って高田ナマハゲが出現
したのだった。
そして高田ナマハゲは恐ろしい事にマゾだったの
である。まず美女か美女でないかを見て美女だと
抱きかかえて海に向かってつき出したダイビング
するジャンプ台まで彼女を連れ去りジャンプ台にのっ
た瞬間に「ナマハゲ高田はあなたの魅力にまいっ
てしまいました。しかしこんな形でしか愛を表現出来
ないんです許して下さい。さあお願いです。その
スラリとのびた足で私めをこのジャンプ台からつき
落として下さい」とひざまづいてお願いする。
そして高田氏は色々なカッコウで海に

89年 5月 9日（火） 0:37 No.001

5/9

ダンカン③

落下してゆくのであった これは高田さんの落下パフォーマンスでもある。

P.S. どこまでさわやかな映像に出来るか加藤さんに期待しています。

元気企画　　ダンカン①

4/11(火)
企画ネタ

『北野武に説教をする』

普段恐い者知らずのたけし社長　しかし、彼はロケには来ないし我儘だ。この辺でオキュウをすえなければいけない。

が、最初からそういうコンセプトだと「嫌だ」というので、今までBIGになってから誰もこころみなかったドッキリをしかける

例えば、日本テレビあるいは足立区等から、元気が出るテレビとか北野武を表彰したいという事になり式てんを開く。その時に、エライ人3人くらいに祝辞の言葉をのべてもらうのだが、最初はたけし社長を絶賛しているのだが、途中「仕事を休むのは全国の皆さまへの裏切りだ」等と少々きびしい言葉をおり込み

4/11

ダンカン②

たけし社長をいくぶんみきつらせる
そして、その式の目玉として、たけし社長
のドウゾウをヒロウするという段取りで
運び、除幕式でたけし社長がヒモを
ひくと、ドウゾウが倒れてしまう
それまで、ドウゾウは、エライ人がつくったこと
にしていた その人も、（老人）夫婦できていて
突然気を失なったりする
㊋ったコトになったと思っていると、ドウ像
は無事という事でもう一度やり直す
そして、ヒモをたけし社長がひくと、「ドッキリ」の
看板を持ったペーが立っている、これは、私
も是非加わりたい。勿論メーキング大計画として
最初の会議の様子あたりから大て的にとっておく

←ブリーフ一枚のペー
←たけし社長前を向いている。

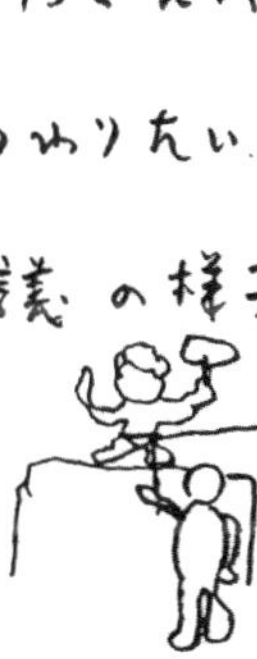

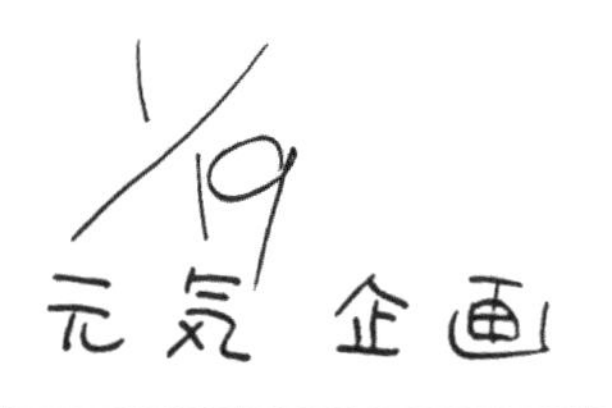

元気 企画

No.
Date ダンカン①

『スキーツアー・バカ馬場雪山5番勝負』

スキーツアーでバカ馬場が、ヘビメタと雪ダルマを火吹きで溶かし合う企画があったが同様にバカ馬場vsツアー参加の出演者で5番勝負と名うって下らない事をやる。

その1. ゲレンデ ~~[illegible]~~ ちょっかつ降競走
vs高田さん。とんでもない声を出しながら急速度で降りてくれるはず

その2.

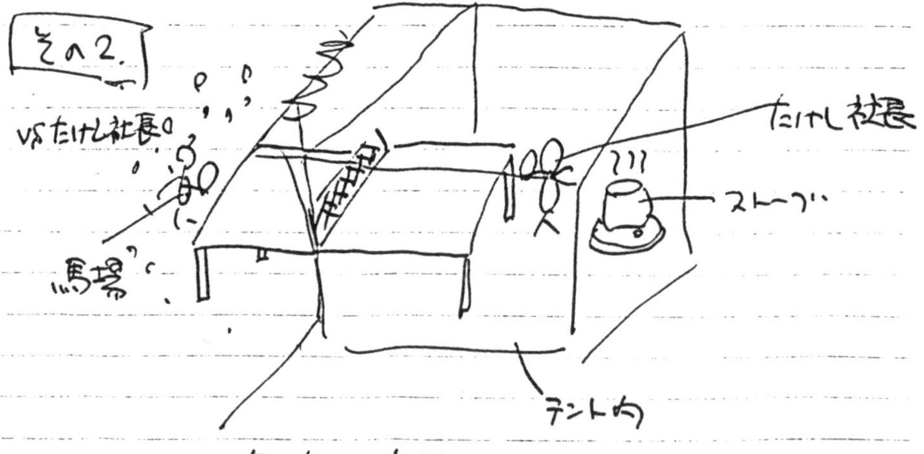

ハンデ卓球。卓球台の半分は外で半分が室内というもの。室内は暖かいカッコらで、ストーブ等ついていて厚着である。逆にバカ馬場は

短パン・ランニングといういでたちで勝負する。

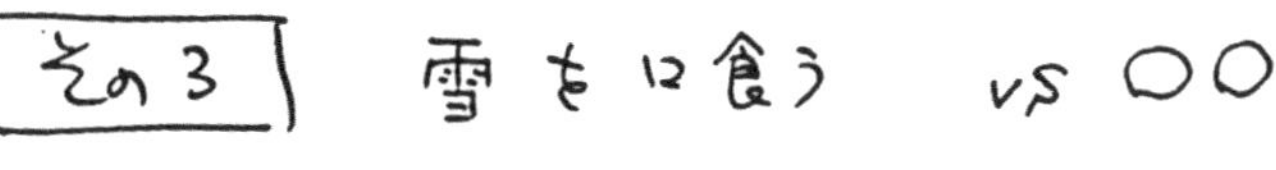

その3　雪をに食う　vs ○○

とりたての雪にシロップをかけて、どっちが多く食べられるか競走する　下らないもの

その4　雪ダマ　身体でとめる合戦　vs ストロング金剛

ゲレンデの坂で上から大きな雪ダマをころがして、それを全身で止める競技

ここでも、バカ馬場の素敵なプレーが期待できる。

＋ vs ヘビメタとの火吹きの計5番勝負

探偵　　ダンカン

○探偵を追跡してみよう。

例）探偵社に、IVSの伊藤さんの何日間かの完全追跡調査を依頼して、その探偵を追跡してVTRにおさめる。
又、探偵の一日を追跡して、プライベートの部分までVTRで見せる。

○探偵社対抗 変装見破りゲーム

木村憲太（36）

素顔

□→木村さん。憲太

▨→双児（ふたご）の弟の木村好造さん

変装写真20枚（内5枚木村さん）

3社の探偵社に各ひとりづつ探偵に来てもらい、
変装写真の中より、木村憲太さんの変装写真を見破ってもらう（各自5枚選んでもらう）

※木村憲太さんになってもらう人には、双児の人が良い。
しかも、ソックリだと探偵は、間違うはずである。

当人の木村憲太さんに、正解を発表してもらう
探偵にどうしてこの人（弟）を選んだか説明してもらい、
実は、この人は、こういう人なんですと木村好造さんである事をバラす。

○ 私は、こうして探偵になった再現VTR

Ⓝヨシオは幼少の頃よりのぞきに興味を持っていた。

ⓋⓉⓇ 近所の奥さん2・3人「あそこの、ヨシオちゃん、いつもじっとみてるのよネ、なんだか気持悪くて」2・3才のヨシオが、2階の柱の陰からのぞく

Ⓝ ますます、のぞきに興味を示してゆくヨシオであった。

Ⓥ 小学校のトイレより女子学生、叫んで飛び出してくる「キャー トイレの便器から、ヌーッと顔を出してほほえむヨシオ 親が、先生に呼ばれて、しかられている。いつの間には、隣りに座っていたヨシオ、職員の机の中を確かめていて怒られている。

Ⓝ そんな、ヨシオが20才になった、ある夜、ヨシオの人生をかえるべく、大きな事件が起きたのである。

Ⓥ 中央公園しげみからヌーッと顔を出す、のぞきスタイルのヨシオ ベンチの前のアベックをのぞいている。突然刑事に捕まる。 取調室、刑事「じゃあ、ガキの頃から、のぞきに、興味があったのか 「エエ、他人を尾行したら、見はったりするとゾクゾクするんです」 「あきれた奴だな、探偵にでもなるしかないな、お前みたいな体 「探偵!!」急に立ち上がり、「そうだ――、俺は、探偵になるゾ―― 机をたたき、大笑いする。

○ 私は、探偵用七ッ道具 こんな新兵器をつくってみました。

①

★カメラ内蔵カツラ。
真中からわけると、レンズが出る。
撮ったら又、髪型を直す
(欠点) 頭がややでかくなる

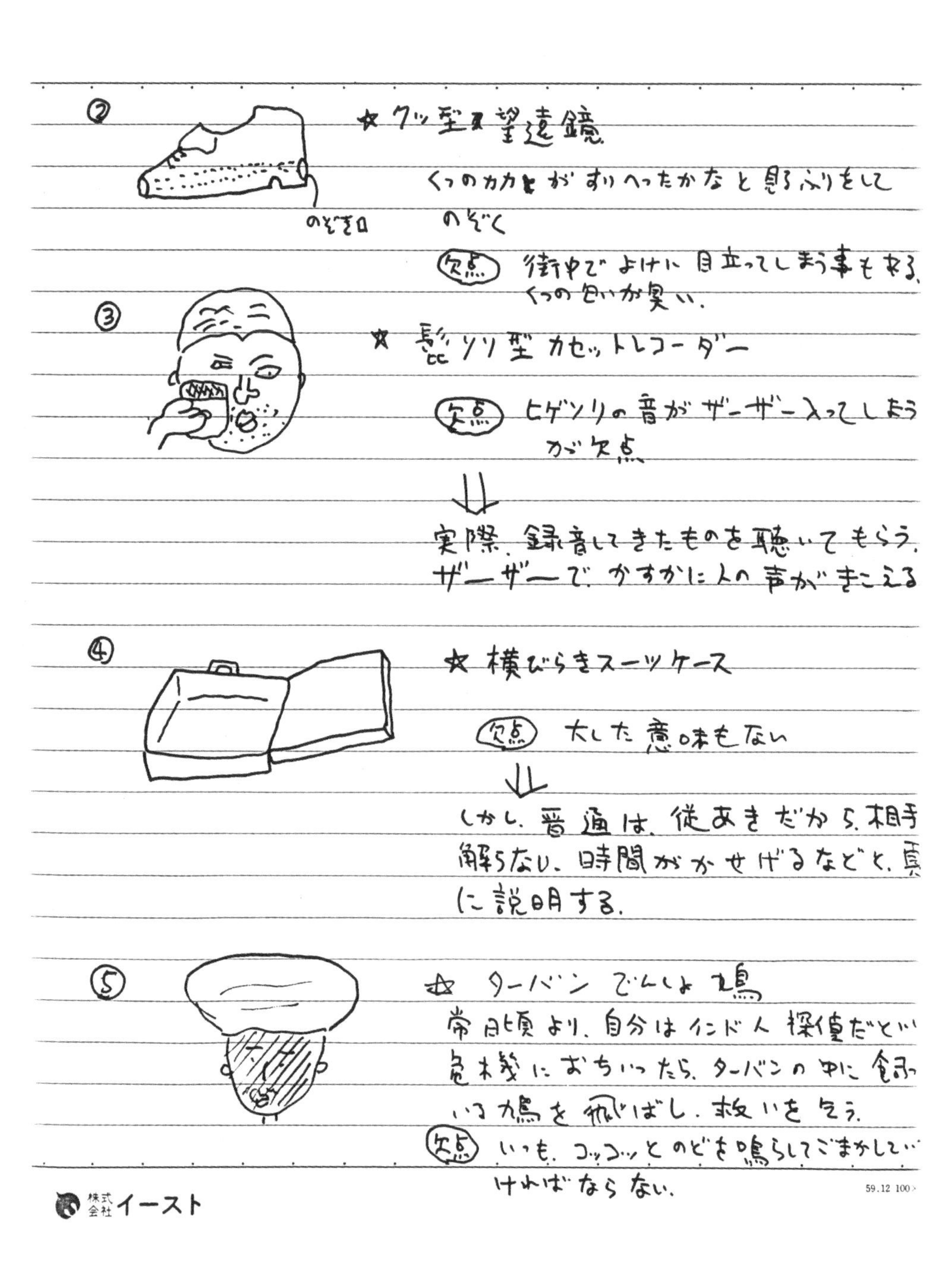

②
☆クツ型望遠鏡
くつのカカトがすりへったかなと思うふりをしてのぞく
のぞき口
欠点 街中でよけいに目立ってしまう事もある。くつの匂いが臭い。
③
☆髭ソリ型カセットレコーダー
欠点 ヒゲソリの音がザーザー入ってしまうが欠点
実際、録音してきたものを聴いてもらう。ザーザーでかすかに人の声がきこえる
④
☆横びらきスーツケース
欠点 大した意味もない
しかし、普通は、縦あきだから、相手解らない、時間がかせげるなどと、真に説明する。
⑤
☆ターバンでんしょ鳩
常日頃より、自分はインド人探偵だといい危機におちいったら、ターバンの中に飼っている鳩を飛ばし、救いを乞う。
欠点 いつも、コッコッとのどを鳴らしてごまかしていなければならない。
株式会社イースト
59.12 100

○ 探偵ドッキリカメラ

探偵に、追跡をたのんでおき、女子寮に入ってゆく。当然、探偵は、女子寮を見はるので、女子寮より"変な男が見はっている"と云う通報が入ったと言って警察官が来た時の探偵の態度を見る。VTR

○ 探偵社の使っている道具総チエック（必ず、マヌケな部分があるはず）又、実際に素人が、その道具を使うとどうなるのか、高田純次さんに試してもらう。

○ この人は、尾行に何分で気がついたでしょう?

松田君子(32)
ヤクルトおばさん。
早朝発配中の尾行

常盤由紀夫(29)
自由業
駅売店で競馬新聞を買ったところより尾行

町岡一人(26)
営業マン
街中のセールス中より尾行。

(VTR) トレンチコート・パイプ・アタッシュケース等いかにも、探偵のカッコウで尾行。10分で気付く人もいれば、半日気付かない人もいる。気付いた人にインタビュー。おもしろかった人、3人をピックアップ

59.12 100×

株式会社イースト

観行旅行

ダンカン

◎全国元気のない観光地マップをつくる.
・温泉が出なくなり.すっかり寂れてしまった温泉街
・水の涸れてしまった滝の名所の観光地
・洪水で潰れてしまった天満宮 等 5.6ヶ所 VTRで見せる.
その観行地の中より.熊野前のパターンで盛り上げるところを
決定!!

観行旅行 ＝ 新婚旅行
※観行旅行のテーマの前で「ばく大な話し
の時に.普通の結婚する人を.盛り上げて
「元気が出る結婚式」にしてしまい.その
カップルを.寂れた観光地NO.1に新婚
旅行として行かせる.

○寂れた観行地NO1の放送を観た.各地の観行協会.旅
ファン.温泉狂等が立ち上がった.
・全国各地から.観光ツアーを組んで観行に現われる人の
波そしてまた波.

寂れた観光地 復興計画
・新らしい温泉を造る
若者向け ― レモン風呂.グレープフルーツ風呂
老人向け ― 薬草風呂.げんまい茶風呂等
又.ライオン風呂に変わる.ワニ風呂.パンダ風呂の設
・新らしい温泉マンジュウを造る.
・新らしい温泉王子 〃

・高崎の観音様のような観音をつくり、おがむと御りやくがあ
・お土産品を新らたに造る
・お祭りを「寂れた観光地NO1」で大々的イベントとして行ない、
元気が出る会社では、お祭りの企画より考える。
例）リオのカーニバルの様なスゴサ 全国より集まった観光マニア他
のおどりまくる2昼夜
）新らしいみこしの製作

◎ 観光地のお土産を撤底追求する。
・何故か必ずある、もらっても嬉しくないお土産大賞を決定する。

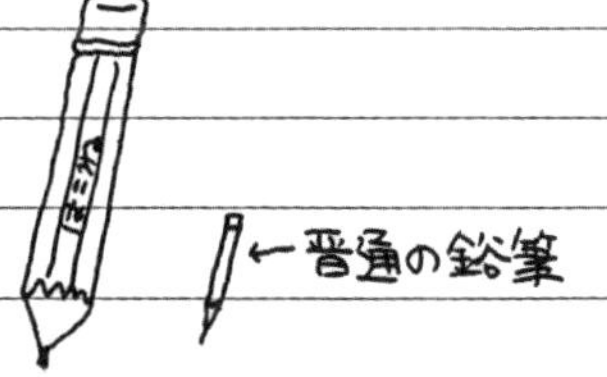
←普通の鉛筆

けしゴム付きバカでかエンピツ
（はたして、最後まで使った人は、いるのであろうか？）

根性ぶんちん。

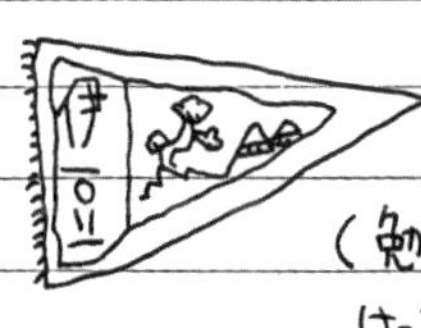
ペナント
（勉強部屋の天井に丸くはっているバカが時々いる）

絵葉書
（もらってもまず使い道がない）

○○湖の水の入ったビン

観光地名入り
木刀

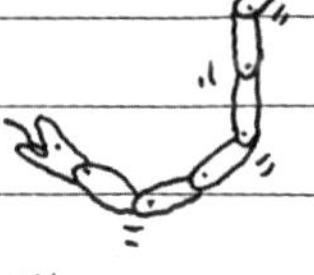
淋しい竹のヘビ

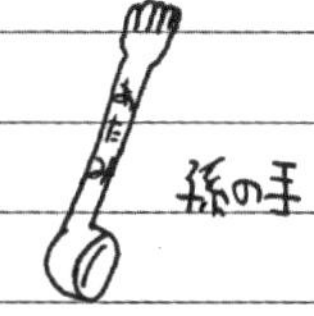

孫の手

回転式万年カレンダー
(使用者を見た事がない)

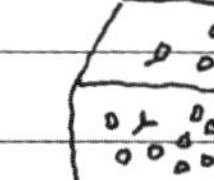

ガラスの箱で、ゆすると
キラキラしたものが動き
「ワーキレイ」と言う奴が
もの.

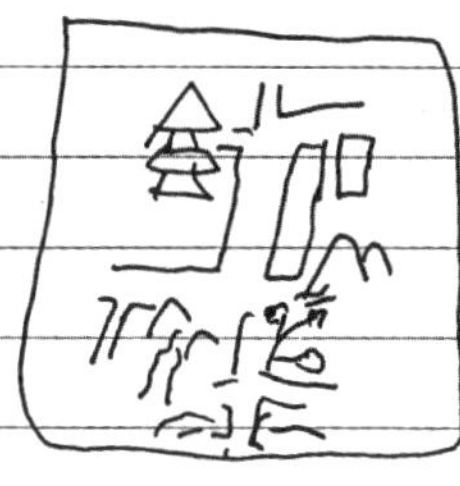

まったく使い様のない
マップハンカチ

キセル

ダイヤル式で日付.ネームの入れられる
観光地記念メダル

・元気が出る商事で全国から、もらって嬉しいお土産を募集し
又は、元気が出る商事で嬉しいお土産を造った.

◎ 観光地でお嬢様を探せ!!

ミス観光地対抗お嬢様合戦

ミスさくらんぼ(山形○○町) ミスうめまつり(広島○○市) ミスくさや(石川県○○町) ミスしょうちゅう(熊本県○○市) ミスまんじゅう(長野

西滝由美	吉田宏子	富永良子	松田みき	川村さなえ
23	21	19	18	24

ミス観光地NO1を決定して、その観光地のCMをつくり
VTRに出演してしまう。
・ミス観光地＋愛田の観光地は、タマノコシにのれるドラマ
を制作

◎これは、あやしい観光地名物
・有名な武将の足跡が残っていたりして有名になった観光地
・九州にある湖で、ネッシーの様な、恐竜を見たという噂で
湖のほとりに、デッカイ　　　　　　像を立てているところ
がある（私、ダンカンは、オートバイで行った事がある）
その他を紹介する。

◎観光バスの止まる有名人の家を観てみよう。
松山千春
松田聖子　他

◎何かのブームで有名観光地にされてしまったところは、
今何をしているのか。なれのはて徹底追求

夏休み

ダンカン

◎夏休みに私は、ひとり旅をする！

夏休みにひとり旅をする青年A君は、お金を1銭も持たずに東京を出発した。はたして彼は、日本一周が出来るのか。VTRで追う。

A君の私生活、旅行計画の発表 又、親、友人、知人の声をインタビューする。

ポイント地点を、元気が出る商事があらかじめ決めておく。

彼の出逢った人々。そこには、素晴らしい人間ドラマがあったのである。

◎夏休み 私のふるさと紹介コーナー

・私のふるさとは、こんなに田舎だ。

・ふるさとの夏 祭り 自慢コーナー風レポート。

・普段東京[黒塗り]のマンションで生活している。上智大学英文学科のお嬢様風B子さんは、実は、こんな田舎に、ふるさとがあった。

・夏休み、ふるさとのオジイちゃん、オバアちゃん、元気ですよ！

◎夏休み、軽井沢お嬢様コンテスト。

・イベントとしてやり、ステージをつくり、選ぶ。

本当のお嬢様大賞と、アンチお嬢様大賞を選ぶ。

アンチお嬢様大賞

・私はテニスが嫌いだ。
・有名品はひとつも持っていない
・三流大学に通っている。
・スカートが嫌いだ
・髪は短かい 等

株式会社イースト

59.12 100×

◎ 全国珍海水浴場マップ

・全国の海水浴場で見かけた、情けないイベント、激しいイベント
珍らしい人を紹介。

◎ 江ノ島海の家スイミングスクール開校

江ノ島海の家でスイミングスクールを開校するという情報を流
したところ、全国から、私は、カナヅチだという人がおし寄せた。
我、元気が出る商事では、その中より、恐ろしくカナヅチな人
5人選び、一日で泳げるようになるというレッスンを行なった

・全日本カナヅチコンテスト。

5人のパネル

木村悟(38)	吉川一久(19)	前田司(28)	田村太郎(22)	岡雄三(26)
会社員	大学生	料理人	消防士	無職

各自、何故カナヅチか、VTRでインタビュー

例）4歳の時、雨上がりの3cmの水たまりで溺れそうになっ
）とにかく水が嫌い、ジュースも飲めない 等

① 洗面器の中で目を開ける練習
② 砂浜でのバタ足練習
③ 水になれる練習
④ ビーチマットにつかまっての、水の中でのバタ足。

莫大な話し　　　　　　　　ダンカン

◎ 鉱山を一発当てようとしている人 全国マップ
・鉱山の解説.
・一発夢見ている人のVTR.
・元気が出る商事のかい入により.鉱山を掘ってしまおう.

◎ 元気が出る商事で.埋蔵金を.日本の何処に埋めて.ヒントを.新聞等マスコミに載せ.発見させる.

◎ 鉱山一発人のオジサンに出演してもらい.「うしなわれたアーク」ドラマをつくる.

◎ 夏の夜に.代々木公園に1万人集まって.夜空に向かって.全員で土下座して.UFOを呼んでしまおう.
・UFOを私は見たという人のVTR
・UFOの出やすい場所 総チエック.
・UFOの見やすい人 総チエック(血液型.星座.男女.職業等
・全国UFO連盟.ファンクラブの第一回集会も同時に開き.各イベントを企画する.
・私は実は.宇宙人だと云う人にインタビュー
・各UFOサークル等の研究レポートの発表
・モデルのデカイUFOを代々木公園に.つくってしまおう.それをみこしの様にUFOファンでかついで.一晩中.東京中を巡ってしまおう.必ずUFOとの連絡がとれるはずだ
・UFOが来たら.インタビューを宇宙人にする.
・高田さんに.UFOにのって.宇宙へ飛びたっていただく.

59.12 100

株式会社イースト

映画　　　　　　　　　　ダンカン

◎松方監督で、水野晴郎・淀川長治、小森のオバチャマ等を出演者に使って日本映画の名作のケッサク場面を演じてもらう。さすが、日本の映画解説者、各自真険に取り組んでいる様子

淀川長治）スクリーンではえる様に、いつものメガネをおしゃれに変えたり、カッコイイセリフが言える様にレッスンを開始した

水野晴郎）ボウズ頭は、印象が悪いと、色々とカツラを注問している。又、髭についても同様に悩んでいる

小森のオバチャマ）スクリーン女優に似合った芸名をと、名前を小森夢千代に改名、早朝ランニングでがんばっている。

松方監督）セット等を見て、激しく怒って気合まんまん、撮影当日「雲が悪い」と撮影を一日延ばす松方監督
かくして、松方監督第一回監督作品の映画[illegible]が完成に至る。

完成パーティには、続々と、映画界の有名スターが、現われる。インタビューする。

※実は、たまたま、テレビ局にいたスター等にインタビューするだけ。

⇓

監督としても一流だが、役者としては、さらにスゴイ、松方さんの、撮影所での生活及び、全スケジュール（一週間）密着で追う。

59.12 100

株式会社イースト

夏休み　　　　　ダンカン

◎夏休みに私は、ひとり旅をする！
夏休みにひとり旅をする青年A君は、お金を1銭も持たずに東京を出発した。はたして彼は、日本一周が出来るのか、VTRで追う。
A君の私生活、旅行計画の発表　又、親、友人、知人の声をインタビューする。
ポイント地点を、元気が出る商事があらかじめ決めておく。
彼の出逢った人々、そこには、素晴らしい人間ドラマがあったのである。

◎夏休み　私のふるさと紹介コーナー
・私のふるさとは、こんなに田舎だ。
・ふるさとの夏祭り　自慢コーナー風レポート。
・普段東京■■のマンションで生活している、上智大学英文学科のお嬢様風B子さんは、実は、こんな田舎に、ふるさとがあった。
・夏休み、ふるさとのオジイちゃん、オバアちゃん、元気ですお便り

◎夏休み、軽井沢お嬢様コンテスト。
・イベントとしてやり、ステージをつくり、選ぶ。
本当のお嬢様大賞と、アンチお嬢様大賞を選ぶ。

アンチお嬢様大賞
・私はテニスが嫌いだ。
・有名品はひとつも持っていない
・三流大学に通っている。
・スカートが嫌いだ
・髪は短かい　等

○海の家　タマガワ

①

夜のうちに、ロケット（ミサイル）
の大きいのを落ちたように埋めこみ
周囲の様子をVTRにとる。

② 龍宮じょうを立て、おこぎな商売をする

タイ
ひらめ

人が入ってる。

○タイやヒラメの
舞い踊おどり
といって、魚をみせる
だけ
入場料（200円）

○人力のカメに人を1回200円で、
江の島浜1周でもうける。

○ ［箱の絵］— たまて箱（500円）
ドライアイスが入っているだけ

ダンカン

海の家 利用法

○世界初の『スイカ割り土俵』を造る

スイカ割は、我国の国技スモウにさえ優るとも劣らない伝統と格式をそなえた競技である。

しかし、何故、正式な土俵を、今まで誰ひとりとして考えようとしなかったのか。

今、世界に先がけ『スイカ割りスポーツ』の発生の地を、江の島としようではないか。

かまえ方

○

×

×

スイカに足が触れたらファール
やり直し。タイムは、そのまま止めておく
ファール2回で失格

9.50

平面にかいたライン

シキリの時まく
スイカのタネ

スイカ

正式ルールは、
この上で右に3回
左に3回廻わして
からスタート

場外区域

(ハマ)
土俵より落ちると
主審が「ハマ」と
叫び赤旗を上げ
失格。

この区域に片足でも
10秒以上いると失格。

ひとりでおこなう。
3分以内で、1振りのみで勝負をつける。

点数せい。
10点満点の3人審判の平均点が得点となる。

後は、財団法人「日本スイカ割りの会」にしてもらう。

にせもの　　　　ダンカン

○一見で解かる。わざとらしく過ぎるニセモノと本物を比べて比べて見る。

例）たけしさんが、言っていた様な、仁丹をイニ丹だと強いんに販売しようとしていた商品

）スニーカーのR（リーガル）のマークがLになっているもの。

その他。（パナル式写真が わかりやすくてよい）

初めからひらいてある。→ R → L → ひくと出てくる

○日本全国ニセ銀座大賞はどこだ！
現代では、日本中何処へ行っても、必ず、○○銀座というものがある。その中で、どう見ても銀座というには、ほど遠い土地のNo1を決める。

○海の家のイベントで、泳ぐイベントをやる。その時、海水パンツと、サポーターは、元気が出る商事が渡し、特製の、水に入ると、溶ける物にしておく。海から上がろうとする若者をみる。

○にせオボッちゃまを探せ。
にせオボッちゃまとは　→　青山、六本木、原宿を我者顔で遊ぶ。
追せき
↳実は、4畳半ひとまの部屋に住んでいる

○必ずいる○○界の百恵、聖子等と呼ばれている。又は○○界の玉三郎と呼ばれている人を、本物とひとくべて一体何処が似ているのか話す。

200万円をあなたに　　　ダンカン

○ 若い学生のアルバイトを使って、かつぎ上げて、客を向こう岸に渡す。河かつぎをやる。観光地として盛り上げる

○ ヒバゴンに化けて、山中、山村（日本中至るところ）に出現して、話題のまとになる。
話題のマトになった、当人が突然「我々は、日本ヒバゴン応援及び調査団を全国組織で結せいするぞ！」と立ち上がり、ヒバゴンTシャツ等、ヒバゴングッヅを売り出し、もうける。その反面、調査団が行き、ヒバゴンが出現する時には、決まって団長がいないという、例のウルトラマンパターンをとる。

○ ~~日本人も、かんせっせん？（グランドキャニオンに有るもの）があったとウソをつき、人工~~

○ 200万円でワニを買って、日本初のワニ回わしをして、日本中を巡業して、もうける。
・ワニに腹筋、腕立てをさせる。
・ワニがあなたとフォークダンスをする。

株式会社イースト　　59.12 100×100

乗り物　　　　　　　　　　ダンカン

○乗り物当てクイズ　街並んでいる。乗り物をはたして誰が乗り込むのか予想する。

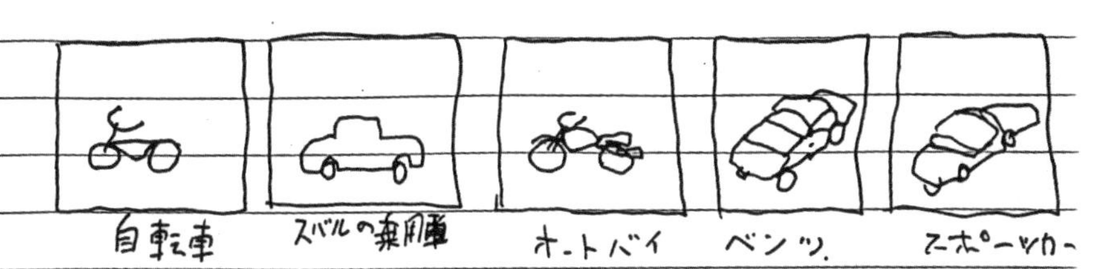

・~~いかにもヤクザという男が近付いて来て、ベンツに乗り込んだだけでも笑うと思う。~~

○シブガキ隊の専用のバンがあるのですが、その中に、義太夫等を3人乗せておき、テレビ局、コンサート会場の入口で、間もなく到着しますから、あけて下さいと言っておいて、車が止まって、義太夫が「モックンでーす」と言って出てくる。これはウケるか、怒るか予想する。

テ.ス→（にせものでも良い）

○ ~~[illegible]~~

趣味

ダンカン

○ 私は変な趣味なのかも知れない大賞

・中年なのにアイドルの追っかけをしているオジサン

・戦争ごっこを真剣にやっているオジさん。

・コン虫に無理矢理ダンスを教えているオジサン

・とり合えず何んでも喰ってしまう人。

等 VTR で短か目に20人程どどど〜と流して、世の中には、とんでもない奇人がいる事を確かめ、その中から、スタジオに呼べそうな人を2人くらい呼んで、その人のライフワークを考える。

○ くだらない石を集めて、何々の型に似ているというような趣味が、今はやっているという事にして、この中日本中を石集めブームにしてしまう。

○ ド田舎のジイサン、バアさんの家へ高田純次がSMのカッコウで行き、今一番流行している老人の趣味は、これなんですよと布教してまわる。実際やる老人も、中にはいるはずだ。

○「趣味の園芸部隊」をつくり、他人の庭、空地、公園どこでも勝手に園芸してしまう。

○ 本が趣味だという人を10人集めて、同じ本を逆から読ませ、誰が、一番内容をはあくしているかで読書趣味人を競う。

59.12 100×100

株式会社イースト

ダンカン

○趣味が、本職になってしまったマヌケな人の人生を紹介する。

○新らしい趣味をつくり、視聴者も参加していただき、
何週おきかに、その趣味の報告をする。
例)「今、一番新らしいのは、自分でのりものをつくって乗る事だ」

アナコンダ蛇車に乗る趣味の人
(10mでも動けば、こっちのもの)

株式会社イースト

59.12 100×100

14

ダンカン

○ こういう男は失恋する。

①失恋した男に、失恋した女性の名前を言ってもらい、又、何故自分は嫌われたと思うかインタビューする (VTR)

②男を振った女性のところへ行き何故、彼を振ったのかインタビューする。(VTR)

例) (男) 僕の仕事がいそがしくて、月に3回程しか会ってやれませんでしたし、淋しかったんじゃないですか。彼女友達も少なかったようですし。

(女) あの顔で、月に3回も会うのよ！ しつこいったらありゃしない。私って友達が多いでしょう。あんな男かまってる暇がないのよネ。恋人？ 違うわヨ！

③ひとつの失恋でも、こんな複雑なドキュメントがあるという事を話し合う。

○ 失恋した男同志の会

失恋した男5・6人を集め何故失恋したか等を話し合ってもらう。その際、日本テレビからの書記役等で可愛いい女子大生をひとり参加させ「私って、恋愛の運がないのよネ、男の人に巡り合う機会が全々ないの」etc を時々、会話にはさむ。失恋した男が、すかさず誘ってくるはずである。その会話の手口等を撤底追求する。(VTR)

○ ナンパの断り方の研究

渋谷の東急本店通りで、女性に数多く声をかけ女性が、どう言って断わるか。又、男性の誘い言葉のパターンを変えたり。南高円寺駅前 川崎球場前、居酒屋ムラサキではどう変わるか追求する。(VTR)

59.12 100×100

株式会社イースト

ダンカン

○ 失恋男ストーリー (VTR)

最近失恋した男の失恋のしかたを、ドラマにして、この男性は、何処が良くなかったか総チェックする。

○ 失恋大公開コーナー

最近失恋した男性2名程、相手の女性の写真パネルを持って来てもらい、「もう一度つき合ってくれないか」を、3分間で明るく明るく(若者なら、やたら暗い者でも笑えると思う)説得する。

そのVTRを、彼女に見せて、彼女の意見をひと事もらう。

例) 男、ヨネ子さ〜ん、僕は君の事がまだ忘れられません。君と一緒に行った初詣の明治神宮、つい今日の事のようです、君のためなら死ねる、あ〜、今、こうしている時も、君が、そういう事はないと思うけど、他の男と2人きりでいたりしたらと思うと、気が変になりそうです、ヨネ子さん〜!! どうか、どうか、僕にもう一度だけチャンスをあたえて下さい、必ず君に愛される男になってみせます!! ヨネ子さ〜ん!!

女 金子さん、金子君の気持十分過ぎる程解りました、(女の隣りに男が入ってきて、女、腕を組む) 紹介します、今、おつき合いしている、米村くんです。 ジャンジャン!

「さあ、テレビの前の、全女性に、一言、金子君今の気持をぶつけて下さい」

金子「女のバカ野郎——!!」

59.12 100×100

株式会社イースト

ずんが1

○ 君こそもてない大賞だ！

男の顔写真9枚をパネルで並べる（最近失恋した男がBest）町で、この中で一番付き合いたくない男No.1をギャルに尋ねる。100人程きき、「君こそもてない大賞！」を決定する。その男をスタジオに呼び、徹底分せきする。

（パネル）

	もてる男のイメージ	（大賞者）
名前	早川 信吾	山田 平吉
趣味	ドライブ	ゴロ寝
好きな言葉	愛	根性
そんけいする人	モーツアルト	野口英世
	（以下20項目等のチェック有り）	

→ 大賞者の方のみ、かくしておいてひく

七不思議　ダンカン

○ イタコ対談Q&A
まず、1人のイタコにJ.ディーンの霊を呼んでもらい、もうひとりのイタコにM.モンローの霊を呼んでもらい、霊同志の対談をしてもらい、たけしのつっ込み
(例) 沢まさやと日影さんの対談
〃) 一松〇のふせと殺した親の対談

○ UFOが出た現場!!
夜UFOの様な光をはなち一週間程続け"あれは間違いなくUFOだ!!"といいはる。庶民の意見を発表する。

○ ウソっぽい心霊写真ベスト10

→ 1枚づつ抜いてゆきたけしのつっ込み
→ 近所のガキだーずね、これは。

○ 川口浩名場面集を造り、社員でもう一度振り返えってみる。

59.12 100×100

名前　ダンカン

○性命判断の先生をスタジオに呼び、元気が出る商事の社員の性命判断をしてもらう。
色々な項目に分けて表。誰が、一番芸能界に向いているかを調べる

	ビートたけし
性格	明るい
結婚運	一度
将来	小さな幸せ
金銭運	なし
向いてる仕事	消防士

パネル式で全員のをやって、たけしつっ込む。

← 社員の判断された仕事の服装で、その日は、テレビ出演してもらう（木内のスチュワーデス等あると良い）

○この人にこの名前はピッタリだ。
又、この人が以外にこの名前だというのを発表する。

・この人にこの名前はピッタリだ。

鬼熊岩次郎 ← 名前のみ出しておく

パネルをめくると顔写真出てくる。

細田羽造

芸人等も良し。

etc

・この人が以外にこの名前
逆に写真を出しておき、あとに名前をあける。

百合谷さなえ

etc

59.12 100×

株式会社イースト

○うちの土地名、名前、会社名、商品名は、情けないので元気が出る商事で考えて欲しいというのを探して来て、スタジオで皆んなで名前をネーミングする。

○あらかじめ、生命判断の先生に、各界の有名人の生命判断をしてもらい、この人は、このままでは、絶対に成功しないという人をスタジオに呼んで、名前を考える。
例）スモウの服部
巨人の角　　etc.

○たけし軍団のせいめい判断をしてもらう
そのまんま東／大森うたえもん／松尾伴内／ぶんころがガダルカナルタカ／つまみ枝豆／柳ユーレイ／ラッシャー板前／グレード義太夫
師匠としてのたけしと真険に芸名について考える。

○変名、私は名前を変えてこんなに得をした（損をした）という人にインタビューする。

○お嬢さんの名前は、
きれいな女の子の名前は何が多いか。
街で1000人にインタビューしてスタジオでクイズする。

○新宿駅で「一夫（カズオ）さん、一夫さん」至急、東口開札のところに来て下さい、等と日本に多い名前ベスト10くらいをアナウンスして、どの名前が多く集まるかVTRで一みる。

株式会社イースト
59.12 100×

フラワー通り復興計画　　ダンカン

○とりあえず書き屋を埋めておき、人ばを集める。
※ 週にうん！
フラワー通り、の領収証あるとヒントがあたえられる。

元気音踊の元気音踊～ズ結成！

○100kg以上の人10人程あつめ元気音踊を踊らせるセットだけあれば、デブ10人程なので、安い。

○私は、元気が出る音踊の振り付けを、自分勝手に考えてみたという人（家族4人以上）を募集し、番組の振り付けとは、別の振り付けを、家族で真面目にやっているのを見て笑う。

レギュラーコーナー　　ダンカン

○今週の家族。大家族、とんでもないものにこってる家族等を紹介して笑う。
これは、スポーツ大将で、家族リレーと言うのがあり、とても人気があるので、子供から、ジイさんまで、幅広い視聴者にウケルような予感がある。

☆ 10月第3週 大イベント企画　ダンカン

・世界を中継で結んで生放送としてやるが、実は、スタジオの中や、ロケ等で全て日本でやる。最後にバラす!

☆ 10/第3週、テレビ宴会

・たけしグループ　（軍団他）
　木内グループ　（女優の友達）
　松方グループ　（撮影関係役者さん）
　高田グループ　（乾電池の人達等）
　に分かれ、芸をやったり、ゲーム、かくとう技等、とにかく元気いっぱいの勝負形式のものをやる。

アメリカへ行く女の子コーナー　ダンカン

○ ずーっと、絶対、ちょんまげで過ごしてもらい、その生活をVTRにおさめる。

海を渡るマネキ猫　ダンカン

○ 兵藤さんに、香港に行ってもらうが、旅行中ずーっと、マネキ猫ぬいぐるみを着て行ってもらう。

○ ジャッキー・チェンへのマネキ猫渡し式を、盛大に行なう。
　ジャッキー・チェンの顔のマネキ猫も造る。お互い渡し合う。

8時　7:30　TBS　7:00

'89.5/24　元気企画　ダンカン

361
8169

『宇宙人高田が、ひっそり生活している宇宙人をお待ちしています!!』

他の星から地球にやって来て、あまりにもカッコ悪かったり、内気であったり、性格が暗くて軽いアメリカンジョークのひとつも言えないために地球人に溶け込めず、日陰で細々と生活している宇宙人はかなりいるそうである。

そこで、新ヒーローの時と同様に、ハガキで私は実はこんな宇宙人なんですというイラスト入りで応募してもらう。

その中から、30星人くらいをピックアップして「早過ぎる怪談」方式で登場してもらう。司会進行は宇宙人高田で、まず何人か、宇宙人と出会った人等(真面目に)のその時の話を観客に聞いてもらう。

年上が
年
年上に
年上
宇宙人告白
宇宙人
年上に告白の人
18:00
宇宙人
年上が大好き
宇宙人高田が地球にやって来た

ダンカン(

そして、審判(レフリー)として、先追ぬさんが

白旗と赤旗を持っていて、その宇宙人が本物

であるかどうか決定する。判定により失格だ

と水漕に落ちる、池に落ちる等がある。

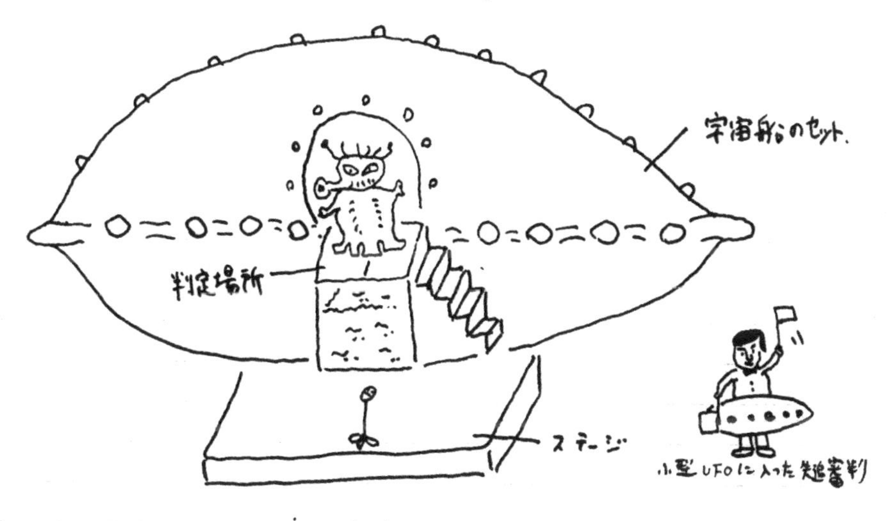

※合格だと宇宙船についている電球が

全てつき宇宙船の中に入れる。

△問題は、何について判定するかであるが、とり合えず、それは何んでもいいと

思う例えば、暗算が早く出来る等でも

ダンカン③

「暗算星人」と言い張ってしまえばいいコトなのである。モノマネが出来る「モノマネ宇宙人」裸足で刃の上を歩ける「スゲエ星人」とか計算の出来る犬を持ってる「頭のいい犬持ってるよ星人」等なんでも良しとしよう。その特技をみせた後、短かいミュージックに合わせて、その星で流行しているダンスィングをヒロウしなくてはならない以上が審判の基準となる。勿論、姿カタチもであるけど。

30人のうち、合格者10人くらいひき連れて、高田は、街へくり出すのである。

これは、簡単に、宇宙人が何かやるというだけのモノにしたい。例えば、宇宙人ソバ屋客が入って来て、注文をとり、ソバを持ってくるのが宇宙人。逆に、喫茶店に入ると、

ダンカン㊙

客、店員全て宇宙人。エレベーターが開いて出してくるのが全て宇宙人等のたわいのないモノである。

『ヘビメタは何処へ?』

● 大学の応援団が練習しているグラウンドへゆき、向こうとこっちで激しイ合戦の熱い風景になる

○ 神宮外苑でジョギングをしている人を、車で並んで走りながらゲキレイ。

○ 農作業をしておられる方に、米のとおとさ等をまじえたゲキレイ「白い御飯が好きだぜベイビー!」

○ 図書館で勉強している学生に、大きなアクション小さな声でゲキレイ!!

『この夏、やっぱりもてなかった男達へ
木内みどりのジキル＆ハイドお姉様!!』

先日の相沢会長の結婚式の席で、うちのすぐ脱ぎたがる東君が、やっぱり女は、木内さんの様な色気のある人がいい、木内にならおこられてみたいと言っていた。確かに、木内さんは、お姉さんになってもらいたいタイプであるし、元気では、木内さんのネタが少な過ぎて、宝のもちぐされの感があるので、夏の終わりに木内お姉さんをプッシュする。

夏が終わり、今年もやはりもてなかった、真黒に陽焼けして、ところどころはがれた身体の皮が妙に淋しい男達に木内みどりジキル＆ハイドが語りかける。

- ジキルの部屋、ハイドの部屋の2つが並んで有る。
  その前で、やっぱりもてなかった男が、兵藤さん（高田氏）のインタビューを受け、いかにアバンチュールをもとめ、どの様に沈んでいったかを語る。
  「さあ、ジキルの部屋、ハイドの部屋どちらから入りますか」と決定させる（どちらから入っても良い）

ジキルの部屋

- きつい顔のメークの木内さん（怪しげであくまで美しい）と春やす子、他に、素人ギャル7・8人がいて、入ったとたんに「目がなさけないのよ、あんた!」「口元にしまりがなくていやらしそう」等と口々に叫んだ、話しをきいてめ、「てめえが度胸がねえんだよ」「デレデレしてるからだろ」とさんざんな目に合う

ハイドの部屋

- 優しい顔の美人の木内さんと、ヨイショの林家パー子嬢ギャルが、「とってもす愛らしい目じゃない」「真面目そう」と言って相談にも親身になってきいてくれる。

以上木内さんの企画です。

『たけし軍団の何んでも寝起きドッキリ』
軍団が、2人づつ5組に分かれて、色々なところに寝起きドッキリに出かける。勿論、軍団が行くのだから普通のところへ行くはずはなく、■しこみ等で、ドンドンと10本連続で観せる。
① 恐怖の土方のはん場の寝起き（なぐろうがわめこうがガーガー寝てて全々起きない）
② 老人ホームの寝起き（早朝4時半くらいに行くと、すでに起きてて、2・3人でお茶を飲んでいる）
③ 女の子の部屋の寝起き（フトンのとなりに男がねているのを見てあわててUターンして逃げる）
④ 良くあるパターンで、虎を飼っている家の虎の寝起きをやり「ガオー」と吠えられ逃げる。
⑤ 泥棒と感違いされ、マクラ、目覚まし時計、本等「ギャーギャー」さけんで投げられる。
⑥ 大学生の男の部屋で、大酒を飲んで寝たため、起こすとゲーゲーやり出す。
⑦ お約束で、北野社長の寝起きにゆき、フトンをめくると、ストロング金剛がいてなぐるけるされる。
etc

寝起きをねらわれる人は、番組で募集
はん場は、子供がお父さんの仕事先の寝起きがみたいといって応募した事にする アパート等は、大家さんがあい鍵であけるところを入れて、一応やらせにみられない様にしておく。

○第一回 Singer Song 演歌大賞

ロックやってるけど本当は演歌が好きだとか、昔、安保の時学生運動に加わっていて、皆んなフォークで反戦歌をつくって歌っている時に、演歌の反戦歌をつくって、反戦をうったえようとして仲間に入れてもらえなかった。そんな歌な対する自由な思想がこの大賞になった。

演歌というと「雨の裏町」「涙のお酒」等と決まってしまうのはいやだ。中山美穂ちゃんの歌っている様な歌詞を歌いたい。でも好きなメロディーラインは演歌で、それは誰れにも譲れない。そんな感じの歌合戦

募集して、テープに入れておくってもらい審査する。合格者はプロモーションフィルムをつくる。(一番、45秒くらい。UTRの下に自作の歌手が流れる)これを紅白に分れて、4組づつくらいやる。

※別タイトルで阿久愁賞ともいう。(こわい顔のくせにアイドルの歌詞等をかくのは信じられない)

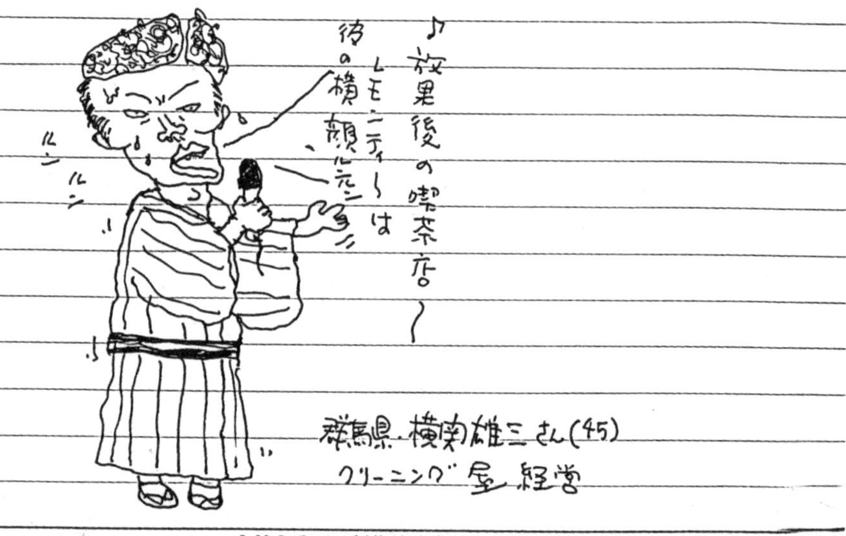

♪放課後の喫茶店〜
彼の横顔ルンルン
群馬県・横関雄三さん(45)
クリーニング屋経営

ＩＶＳテレビ制作株式会社

『外人予備校展開』

①気持だけ外人に先走っても、容姿が日本人では、やはり日本人を捨てきれない。そこで参加者（予備校生）は、全員自分の大好きな外人 クラーク ゲーブル・シーナ イーストン・ロッド スチュアート・ヨハネパウロ等に美容院等にゆき変えてもらう 恐らく、ほとんど似ないだろうが、そのギャップが今、素敵!!

②外人は、キスがうまい。そこで男は、女のマネキン 女は、男のマネキンを使ってキスをする。その時■にイキなジョークのひとつでも言ってもらう。

③外人の中でも、特に黒人に多いタイプだが、街角を曲がった瞬間に、ミュージックが流れていきなり踊り出してしまう風習がある様だ。それを実際にやらせる。

④外国の団体旅行客が良く、鎌倉~~等~~浅草でも良いのだが~~　~~その客の後ろについて一緒に見学してまわり、同じ行動をする。

⑤外人の笑い方、泣き方、怒り方の練習をするのだが アメリカ人と中国人では怒り方が違うと思うので、比較したい。

元気企画　　　　No. ダンカン①

Date

『高田純次の街角実験インタビュー』

誰もが知っている押坂忍のテーマ街角インタビュー、画面に出てくる奥様達は、必ず決まった様に「まろやか」「ソフトな感じ」等とインタビューに答えている。
あれはもしかすると、テレビを観ているために、そう答えなくてはならないと潜在意識だけで答えているのではないだろうか。そこで、高田純次がその辺を探るべく実験インタビューを行なう。
高田氏を使った新らしいマーガリンのCMを撮っている風に街角にセットを造り、何んのへんてつもないマーガリンとパンを街行く奥様等に食べてもらい「今までのモノと比べてどうですか？」とインタビューする。
「今までのと比べモノにならないくらい、おいしいわ」
「こんな味、今まで食べた事ありませんわ」
等と真険に答えてくれると嬉しい。

新らしいマーガリンのパックをうまくつくる。

No. ダンカン②

Date

『今が旬(しゅん)の長嶋一茂のソックリさん』

全国から長嶋一茂のソックリさんを
募集する。勿論写真を送ってもらうが
多少似てなくても自分で似ていると
いいはっている人も良しとする。
全員、一ケ所に集めて、誰が一番似てい
るかコンテストを行なう。
~~長嶋一茂と同時に、八重樫のソック
リさんも募集する。~~
とにかく、今、長嶋一茂のソックリさんを
つかまえておけば、後々、色々な使い道
があると思われる。

- 茂雄氏のソックリさんとの対談
- 試合の有る日の神宮球場の並ん
でいるお客さんの横を歩く
- 本物の一茂と会う。

No. ダンカン③
Date

『四つんばいで生活出来ないのか？』

1日だけ山や川のあるところで動物にみんなでなってみる。
人間の言葉はいっさい使ってはいけない。
その中を高田純次ひきいる探険隊が進んでゆく。探険隊はロープや大きな網を持っていておそいかかる動物をつかまえるとなわにつないでつれて歩く
動物が高田さんの持っている何かをうばうと人間になれたりするという要するに変装ゲームです。

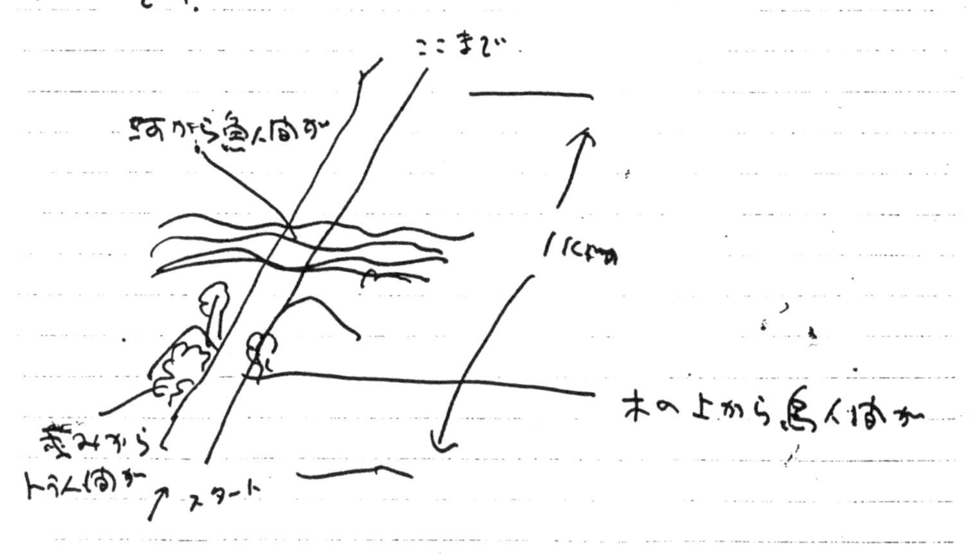

元気企画

ダンカン ①

『誰も興味のないソックリさん募集』

あの埼玉の海に出演した、元阪神の吉田監督から一通の手紙が元気TVに来た。

内容は、ソックリさんなのに誰も自分に関心をしめしてくれなくて淋しいというものであった。

そんな、彼の悩みを解決すべく、元気が出るTVでは、世の中の人が、別に興味もないだろう人のソックリさんを募集する事を決定した。

（今回募集する誰も関心をしめさないと思われる人）

- 大泉晃
- 林ペーパー子
- クロベエ
- 佐野稔
- 小倉一郎
- アラジン
- 円広志
- 三遊亭円窓
- 巨人の駒田
- 大念寺稔
- 冠二郎
- パリーグ広報部長伊東一男
- 北杜夫
- 須藤かずみ
- 福岡翼

ETC 100人ぐらい、ズラ〜ッと並べる。

20×10

こうして、吉田監督をなぐさめる。

ダンカン②
No.

『兵器募集』

元気TVでは、兵器を募集して、その兵器をつくって集合してもらう。勿論、ハガキにイラストでおくってもらいその中から選ぶ。

下らない兵器の方がいいので、2つ3つ、例として兵器をみせる。

例1.

尻にじかについていて、そこからホースがのびていてオナラをすると、ホースの中を通って、相手に浴びせかけられる。

例2.

暗眠術のテープをスピーカーできかせる。

20×10

No. ダンカン③

『元気が出るテレビ発信流行語をつくる!!』

実は、テレビを見ている人は、知らないと思うが、元気が出るテレビから、すでに、芸能界では日常茶飯事として、使われている流行語があるといいはる。そして、実際色々なタレントさんが使っているVTRがありますから、それをみてみて下さいといってアイドル等のVTRを流し、（アイドルが使っているところ）世間に広める。

㊙例

- なみこす（浪越さん起源）→のってるという意味
  ※最近なみこしてるじゃない
- エラタダ（エンペラー吉田のエラリなくとも正しく生きるが起源）
  →まじめだという意味
  ※あんまりエラタダだと、つき合い悪いって言われるぞ
- バカババ（馬場のバカからきている）→無能、嫌われもの、しつこい奴
  ※このバカババ
- カッパ（カッパからきている）→怪しい
  ※お前あの女とカッパだって噂だぞ!!

20×10

『エンペラー吉田の恋人募集』

エンペラー吉田さんには確か奥さんがいるはずーだけど奥さんとは別に、好きなタイプを探す

全国から70才以上のエンペラーと友達になりたいオバアさんを募集。写真を送ってもらい

スタジオでパネルにして選んだあと、

実際に吉田さんに好きな人を選んでもらう

オバアさんは自せん他せんとわず!!

映画『ミッション』日本上映からずいぶんたった記念 ダンカン

『川で一発大会』

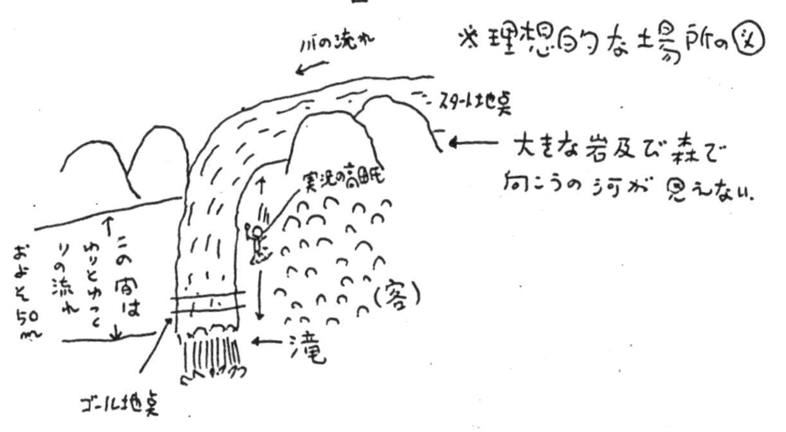

例えば、上の図の様な地形が存在するとする。参加する人間は、川上から、ゴムボートにのってドンブラコドンブラコと川下に流れて来ます。

そして、カーブを曲がるとそこがステージ。50m程のゆるやかな川の流れの間に、多くの客を笑わさなければなりません。カーブを曲がるまで客にはその姿を見られていないので、変なメークな化粧又は、ダジャレ・小噺なんでもけっこう。つまらない場合は、滝に落ちます。しかし、ウケた時は滝の瞬前で救助隊がボートを停止してこの夏、色んな人からギャグ王と呼ばれます。しかし、景品は何も出ません。

元気企画　　ダンカン①

昭和　年　月　日

『勝手にナレーション』

よく、TVの大リーグ珍プレーの場面の日本語の吹き替えナレーションで、プレーヤーが、ゴロをお手玉して、なかなかボールが手につかなかったりする時に「このクソボール野郎！お前俺のコトが嫌いなんだなぁ、クソオ、グローブに入れって言ってんだろうが、コンチキショウ!!」等とおもしろおかしく、そのプレーヤーの心理を勝手にナレーションで言ってしまっている。

そこで、まずビルの屋上から、駅前や街角の待ち合わせの人や、出前持ち等色々なVTRだけ撮ってきてしまって、

後で、大リーグ風のナレーションを勝手につけて次から次に見てゆく。

短かいものを10本程続けて見て、VTRに出演していた人は連絡をくれると記念品が届く。

又、そのナレーションを社員につけてもらう方法もあります。

ダンカン②

昭和　年　月　日

『ニセUFOのVTR募集』

スタジオで、「ちょっと日本テレビの方に送られて来たスゴイVTRがあるので見て下さい」と言って、キチンとつくった、ニセモノに見えないUFOのVTRを見せる。
VTR明けで、「どうですか、確かに撮ってましたよね。実は、これは、スタッフがつくったニセモノなんです」といきなりバラしてしまう。
そして、そこからニセUFOのVTR募集をする。
テレビを観ている人も、ホームビデオで、ニセモノのUFOのVTRをおくって下さいと告知する。
キチンとしたモノから、灰皿を糸でつった様なモノまで、何んでも参加自由。スタジオを「オッ!!」と沸かせた作品には、10万円をプレゼント——

日本テレビ放送網株式会社　D62.12　50,800

元気企画（頭の2枚は流して読んで下さい）　No. ダンカン

Date

元気が出るTV視聴率アップ宣言

『わくわく動物岩風呂号がゆく!!』

ナレーション（石坂浩二）

元気が出る商事では、冬に向けて視聴率アップ宣言
そして、独自のアンケートで、番組はやはり温泉と動物
ウケると判断するに至ったのである。

するとその報告をうけたIVS社員、元気が出るテレ
総合演出の「ムクドン伊藤」は、突然会議の席
「そうか……よし！解った、ソウタニ今夜サウナ行くぞ
と、「最近やはり、サウナは、俺の体質に合わないな」
思い始めているソウタニ君を誘って夜の街へと消え
くのであった。

——わくわく動物岩風呂号がゆく会議用台本—

IVS会議室　14:15

1時から始まっている会議に疲れが見えはじめて

OFF　佐竹チョイ付チョイ付（以下チョイナ²とする）　「だいじょうぶですって、1
なんか集まってないんですか

OFF　ダンカン　「お前が2時からって言ったん
チョイナ²　「ですから、私は兄さんの健康を
ダンカン　「まあ、いいか、とり合えず、明るく
佐々木勝俊さん、作戦でゆく
業界で有名な作戦なんだから

チョイナ²　「はい!!」

Noダンカン②

Date

ダンカン、チョイ付² 会議室に入ってくる。

ダンカン「どうも――！　どうしたんすか。暗いですね」

伊藤氏「チョイナ～～～!! また来やがったな」

チョイ付²「私がいないと、会議始まりませんから、お茶入れましょうか」

伊藤氏「いいよ。お前のお茶なんか」

「どうかな、ダンカンちゃん、この間言ってた、温泉と動物の企画」

ダンカン「まかせて下さい、考えました」

伊藤氏「エライ！ 岡崎何か買ってこようか。エビセンたのむよ！」

田中君、関係なくエンピツをくるくると指でまわす。

(SE) 電話のベル

山本君「ハイ……　馬場さんからですけど」

一同笑う。しかし、何故か、菅原君だけ顔を赤くして黙ってる。

（おわび）ここまでで疲れましたので、後はフリー演技におまかせします。

No. ダンカン ③

Date

わくわく動物岩風呂号

① トラックの後ろの荷台を改造して岩風呂をつける

② 有名人の家の前に行く。

③ 有名人は、タオル一枚の裸で待っていて、家から出てきて風呂に入る。

④ 動物のペットを飼っている有名人にして、動物と一緒に風呂に入ってもらう。

⑤ そのまま、さん助の高田氏と一緒に風呂に入ったまま、近所の商店街や有名なところを案内してもらう。

No. ダンカン④

Date

『パニックイン楽屋

アイドルの危機を救え』

設定として、ストロング金剛が、アイドルの控室に乱入する。(老松役の島崎をつけても良い)

そして、マネージャーや衣装さんを投げとばし、アイドルをわきにかかえTV局の廊下を走って逃げようとする。

その時、立ち上がるのが、そのアイドルのファンの男の子達である。ファンの男5～6人は、ストロング金剛がアイドルを誘拐して、外に待たせてある車に乗せて、連れ去るまでに、阻止しなければならない。その方法は、ストロング金剛のたったひとつの弱点、ツルッパゲの頭に、ゴム製の、チョンマゲのカツラをかぶせると、急に性格がおとなしくなるのであった。

ファンの男達は、金剛が局を出るまで、何度投げとばされようが再びおそいかかっても良い。

ハンドカメラでず～っと追うと、迫力満点だと思う。

『いよいよ江の島 元気が出るハウスオープン』

オープン瞬前の元気が出るハウスには、幕がかかっている。そして、オープン定刻と同時に、女性アナウンサーの声で「ただ今より1987年度……」と海辺にアナウンスが流れ、激しいおもむきのあるクラシックがボリューム一杯で流れ出す。その時、沖より、元気が出るTVの社旗をひるがえした、モーターボートが近ずいてくる。観衆がどよめく中、モーターボートは尚も近ずくが、あまり浅いところまで来れないので、そこから、松方部長＋軍団が浜まで泳いで来る。ここは、全員横一列で、海に向かってダイビングしてカッコ良く決める。一応中には、浮き袋の義太夫等もいたりする。東くんのアクアラングとか…。

そして、浜まで泳ぎながら、松方「皆んな、今年もいよいよオープンだな」軍団「又、暑い夏になりそうですね」等と言いながら泳ぎつく。人垣を分けて、ハウス前でいよいよ、テープカットでオープンとなる。オープンで幕が、パッと降りると同時に、ワイルドワンズがいて、「思い出の渚」を歌う。そして、2番目に山本リンダが「狂い咲き」を唄う。こうして、オープンする。

オープンのイベント

その1、入り口に、アーチがあり、私は有名人の誰々に似ていると云って、アーチを通過して、「ピンポン」と鳴ると合格で特別VIP席でイベントが観られる。

その2、突然プレゼントコーナーと題して、「実は、君達の足元の砂浜に、5個プレゼントが埋めてある。さあ掘って下さい。且他の人のところは掘っては駄目!!」と言って、前の日に砂浜50cmくらいのところに、自転車、時計、トレーナー3点セット、箱に入ったカエル等を入れておき、プレゼントをしてしまう。

その3、突然「日本人ぽくない顔コンテスト」をやって、客の中からチャンピオンを決める。

その4 以前出して相手にされなかったゲームですが、椅子取りゲームの感じで、タコ取りゲームをやる。以前は、曲終わりで外でダコを頭の上にのせなくてはいけなかったがあれが失敗したと思うので今回は、曲終わりでタコを口でくわえなくてはいけないゲームにする。くわえるとなると、頭と頭がぶつかったりして、これはもう素敵!! 又、続いて同様に外でダコをくさやに、変えて行なう。これは、お約束で女の子にくわえさせる。そんな感じで、次の"くわえ取りゲームはこれです"といって次々にとんでもないモノを出してワッともり上げる。
※ウンコのつくりものもけっこう夏っぽくて良い

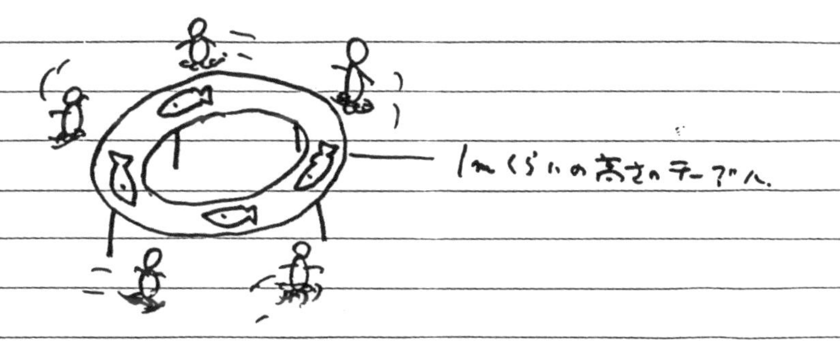

その5. マグロロディオ

ロディをかりてきて、形をマグロにしてしまう。

『相沢会長 結婚』
結婚の行事で、ひそかにクロウト的な盛り上がりをみせるのは「お父さん、ムスメさんを僕に下さい」「お前にお父さんと呼ばれる筋合はない」と父が、ジャブをかえす「必ず○○さんを倖せにします」と男のワン・ツーが入る「どこの馬の骨とも解らん奴に、大事なムスメをやれるか」とボディに父親の一発「しかし、お父さん○○さんと僕は愛し合ってるんです」とアッパーがドボット決まる「ムスメが選んだ男に間違いはない」と父親が、男の肩を激しくたたくという展開です。
相沢会長の場合、相手の父親がもう一歩にえきらないという事にして（どうでもいいけど、他人の結婚だと思っていきなりしてしまうね）公開「お父さん、ムスメさんを僕に下さい」をやる。会場の真中に、台をつくり、左に相沢会長、右に父親、真中に会長の相手の○○さんという事で

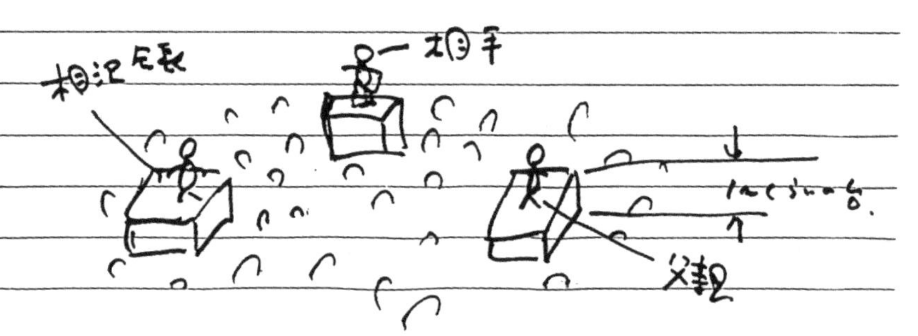

そして、見事婚約が決定したら、2人で、何んと馬鹿らしく、よく、式の時にある、車のうしろに、缶からをつけた車（オープンカー等）を、確か佐々木さんが似た変な車にのっていました。それにのり、最近結婚した森進一さんとか、郷ひろみさんとか、仲の良い、高島さんとかの家を見学にゆく。ただ単に門の前までゆき将来こうしたい、ああしたいといって、再び車を走らせ、カチャカチャ缶からをいわせて去るだけ。

当然 結婚式は 山口百恵さんがやった教会 でやる
そして、スタジオでは、大パネルで、郷ひろみ夫婦と
相沢会長夫婦の結婚 ここが違うと、比かく、パネ
ルをつくる
新婚旅行、かんいちおみやの浜だとか、けごんの滝 等 いかにも古くてダサッポイ日本中を一週間程でまわる

『100回記念だよ!!』
やはり、ライヴをやりたい
渋谷公会堂をかりて、~~トップ10の様にする~~
NHKの紅白歌合戦みたいな感じを出す
高田さんを白組キャプテン 兵藤さんを紅組キャプテンにして、殿が復帰していれば、総合司会をやってもらう
紅白交互に出て来て、靖子ちゃんや野口さんは歌えばよいし、柳沢慎吾のマジックとか、ボディビルダーによる日本舞よう、紅組、歴代お嬢様による ダンスとか、軍団のタップ等やる 身体のやわらかい人に8月のペンギンの中に入ってもらって「8月のペンギンによる ヨガショウ」も良い
前々からもりあげて、紅白の様に、報知新聞に紅白、得点らんまでつけてしまう

元気企画

No. ダンカン

渚を走ろう 第3弾

『軍団と秋の山を歩こう』

軍団と高尾山を一緒に登山する。秋らしいほのぼのとした企画です。歩きながら色々と恋愛の事。学生生活の事等を話し合う。

やる事

① 野原で輪になり。義太夫・大森・ダンカンのギターで全員で歌う

② 軍団に食べてもらう様に当日は、あなたのオリジナルのお弁当をつくって来てくれる様に連絡しておき。お弁当大賞をきめる。
見事お弁当大賞に輝いた。お弁当は。デブの義太夫がそのお弁当を一息に喰ってくれる。

③ 好きな軍団のヒトのために。詩をつくって来させる。その発表。

④ 白いベンチにおき。義太夫のギターで。女の子に歌をプレゼントする。

⑤ ソウタニ君と池田くんの人生を考えるディスカッション。
2人に登場していただきどうしたら明るい人生を歩ける様になるかみんなで考える。

⑥ 盛り上がっているその時。悪魔のジェイソン高田椛柳が。ひとりの少女をひとじちにとり小屋に立て込もる。
そこで。トラメガを使って。参加者に。ひとりひとり説とくさせる（とんでもない事を言う奴がいるはず）
最後。全員の唄に感動して。ジェイソン高田椛柳は心をうたれ出てくる。
というすぐに出来そうな企画でした。

→ 特別ゲスト。ホイッスル渡辺

No. ダンカ

『あゝ！なつかしき故郷
方言ハトバス東京ツアー』

東京に出て来て、3度目の秋。毎日の生活は、それなりに楽しいけれど、でもやっぱり、ちょっと気になるのは、古里の事。そんなあなたのための方言ハトバスツアー。

これは、ハトバスにのって、都内をまわるのですが、その際、なつかしい地元の方言で各自、全て話すというモノ。バスガイドには、名古屋弁の兵藤さんその他を使う。

又、自分の好きな唄を、方言の歌詞にかえて、歌ってもらう。最後に、古里の両親、恋人に、方言の手紙を書き読み上げるという臭いツアーです。

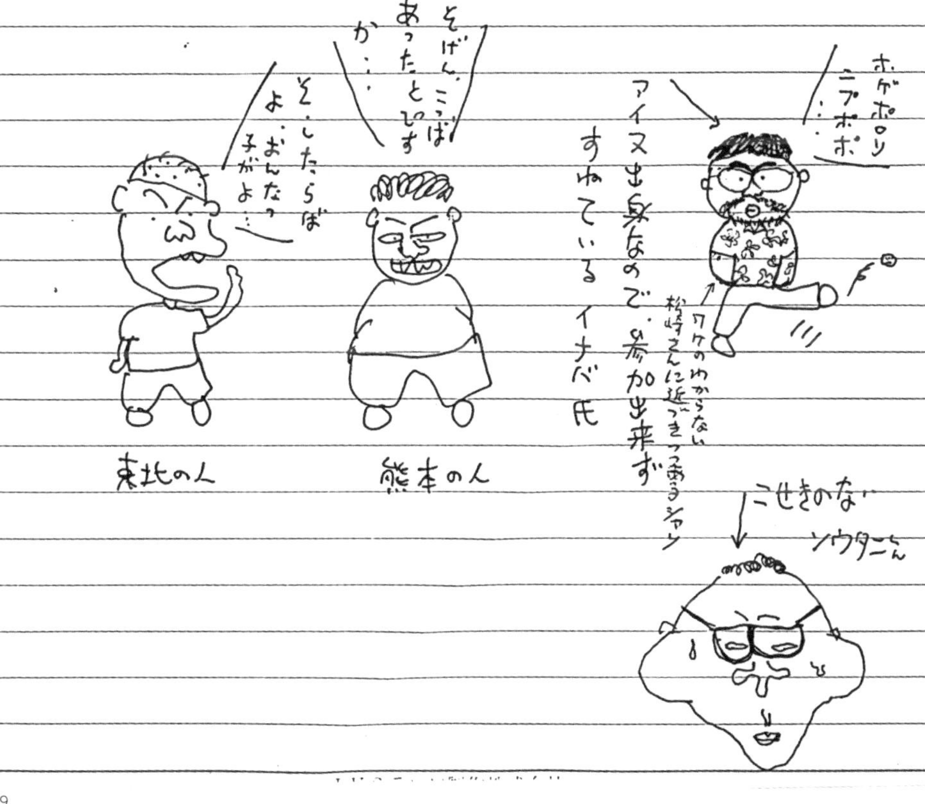

そしたらば よ。おんなっ子がよ…
そげん、こつば あったとですか…
ホゲポリ ニプポポ…
アイヌ出身なので、参加出来ず すねている イナバ氏
ワケのわからない 松崎さんに近づきつつあるシャツ
東北の人
熊本の人
こせきのない ソウタニくん

元気企画

ダンカン 1

○新春特別企画『人画年賀状大コンテスト』 その①
全国学校対抗

これはIVS得意の空撮を使った、お正月様の大きな企画です
まず番組の中で学校単位で人画年賀状に参加してくれる
高校等を募集する。優勝校は青春学園ドラマに出演出来る特典つきの発

・学校名
・校長先生の認可証
・生徒参加数
・そして人画年賀状の企画例を発表する

(ここのところも勿論、人はいる)

例)

謹賀新年 → とら年 → (虎の絵) → 元気が出るテレビ

これを、生徒千何百人等で頭上に持ち上げた大きな色紙を変える事により一瞬にして順に変えられる様にする。

こういう形を紙を持ち上げ並んで人画をつくる。

※実現可能なモノに限る。変わる枚数も限定。

たけしメモ〈こんな学校は人画年賀状に参加出来ない〉

例)・全生徒数が4人しかいない
・グラウンドがない
・赤と白の色の違いが解らない生徒が多数いる。
等

ダンカン 2.

その② 新春お正月番組にてOA用

応募してきた学校の中より良さそうなモノを勝手に各地区の代表校にしてしまう。北海道代表・東北代表・関東代表・関西代表・九州代表・四国代表くらいの6代表くらいを決める。

・選ばれた代表校についてのデカパネル登場

学校名	北海道代表 日大旭川	東北代表 山田学園	関東代表 堀 倉南高	関西代表 芦屋農大高	九州代表 九州八校	四国代表 高知女学院
校長紹介						
生徒数	2,618	1,402	1,893	1,160	2,519	1,577
校訓	知出来るオナニーは知ろ	今晩も燃えたいの	あなもがんばめてよ	見つめちゃダメ	ダンナより娘がまさ	何この青スジ

北野社長以下社員の見解いろいろあって、VTRを見てみましょう

VTR①

・ヘリコプターの兵藤社員のありがたいお言葉が有り。

「いよいよ、北海道代表の日大旭川高校の上空に近付いてまいりました」

○ 日大旭川高校校長のコンテストへの心意気

○ 旭川高校の空撮の人画年賀状

○ 兵藤社員のお言葉

⟶ スタジオに戻り社員の意見有り

以下5校も同様にVTRで発表、スタジオの意見有り。

全て、終わったところで、社員全員で優勝校の決定!!

VTR

優勝校全生徒で校歌を歌う。日の丸の旗、元気が出る商事社旗校舎に高々とひびえる

END

ダンカン 3.

○大仏君と一緒に、1986年初日の出をおがもう!

出来れば、日の出が映える新宿の高層ビル街の一段高い、道路から、初日の出に向かって、大仏君と、視聴者多数が、手を合わせる姿は、とても良いと思うが、混雑が予想されるので、海から初日の出が上がる防波堤の様なところが良いかも知れない。

しかし、朝日の高層ビル街を、5mの大仏君がノッシノッシと進んでゆく姿は見てみたい気がする。

その際、大仏君には、特大のハオリハカマを着せて歩かせたい。

大仏様の隣りで、そのりりしいお姿を見たパンチパーマの男は、「ウム、今年こそは!」と心新らたに誓うのだっ

○新春 大仏君とのマラソン握手会

初日の出を見られた後、大仏君が、人々に倖せと元気をあたえようと握手会を認めて下さった。

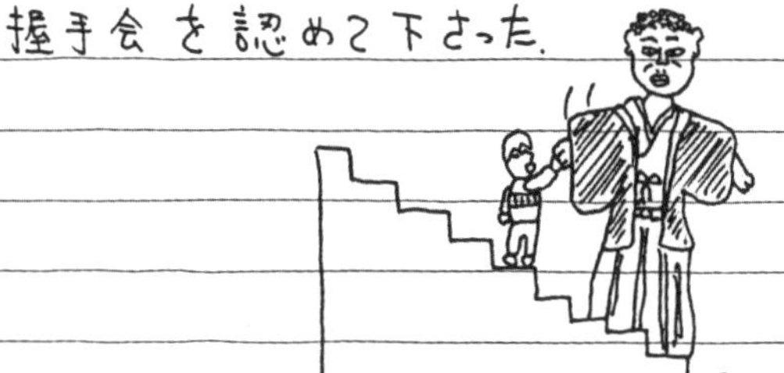

ダンカン4.

○ 初詣のパンチパーマを探せ（生放送の場合）
都内の有名神社（明治神宮等）より 高田社員が、おおくりする。
生放送Mr パンチパーマを探せ。出来れば、年の始めの事でもあるし
高田社員にも、チリチリのパンチパーマにしてのぞんで欲しいもので
ある。
又、■■■ 5.6人日本テレビのスタジオに来ていただいて、その場で
お正月のパンチパーマNO1を決定したい。
及いは、明治神宮からの兵藤社員の、「お正月着物お嬢様を探せ」
を生でやる「お嬢様ですか。」「お父様の御職業は」と何人もきいて
もらう。当然、スタジオへも来てもらう。
明治神宮からのモニターをスタジオで観ながらの、北野社長のつっ
込みも盛り上がりそうである。

○ 子供のいない老夫婦に日本一の養子をもらって上げよう

正月企画」　　　　　　　　　　　　　　　　ダンカン

○ 年の始めに猫になってしまうよコンテスト

来年は虎年です。虎といえば猫科の動物。たけし猫まねきも勿論、猫です。

そこで、どうせ年の始めのドンチャンさわぎ、全国より、猫の全身メー
をした人間を■■集め、次々に、ステージに、ファッションショー風に登場してもらい（予選で100人くらい、本番は12・3人が良い）競う。勿論、賞金を出します。親子で出演したりグループ参加も認めます。あらかじめ、メークしたい猫の絵を募集しておけばうまくゆくと思います。最後に、参加猫達に、「元気が出る音踊」を踊っていただいて、何んだかよく解らないけどとにかく明るい企画にしましょう。

こいつは春から
エンギがいいぜ
我家は普段から
このカッコウなんだムフフフ

第1回大会最優秀賞に輝やく
吉川■■さん親子と愛猫の絵。

ダニカン

○でけぇ〜〜っトランプ7ならべ（ナスカの7ならべ）

1枚のトランプが畳1枚分くらいの大きさの、猫マネキデザインのトランプをつくる。体育館の様なところで、たけし、松方さん、木内さん、高田ユキ様の5チームに分かれる。各チームリーダーが指示を出して、その通りに、リーダーの関係者が畳トランプを運ぶ。又は、リーダーみずから畳トランプを運ぶのも良い。
画面の使い方で、各自の持ち札等並べて、任天堂のトランプ評論家を（そんな者いるかいないか知らないが）呼び、野口、桑田の両名と共に戦況を見つめるのも良いと思う。

JOCKER
JOCKER
ぎゃー
ジョーカーの
川渕さんだーっ

○単純に羽根つきをして、顔に墨を塗るのも盛り上がると思います。

ダンカン

○ 正月ネタ

元気特大号「しりとり歌合戦」に続くのは、椅子取りゲームだ。ルールは、単純な椅子取りゲームで、音楽が止まったら、椅子に座わるモノであるが、何故か、椅子は、人数分あり、その中のひとつが座わった時に、バラバラにこわれる等の仕組にしておいて、大さわぎしていただきたい。

○ 元気視聴者 お年玉プレゼント

元気のスタジオ観客や、元気ハウスで商品を買ってくれた人に、宝くじの様に、番号の書いた紙を渡しておいて、お正月番組でお年玉としてプレゼントをする。

ダンカン

○女子高校生の女相撲全国大会せまる。

女相撲というと、まずおらしいとか、見えるかも知れない等と思ってしまうが、そういうのは、ひとまず置いといて、たぶん、全国に女相撲部はないと思うので、真険に大会を全国基範でひらいてしまってはどうだろうか、番組で募集して、甲子園大会の様に、その地区県の代表高を決める県大会をおこなう。

一チーム５人、部長として、先生をひとりつけること、団体戦で、全国大会まで行なう。

スポーツ、勉強は、我校は、馬太目だが、相撲で有名になろうとする高校もあるはず。

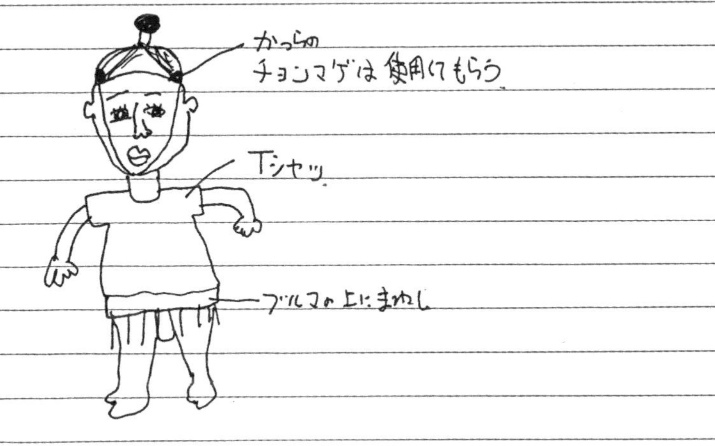

地区大会を毎週、発表UTR。

全国大会は、新国技館でやりたいものである。

正月、元気が出るテレビ、スタジオ　ダンカン①

○全日本オンチ大賞

日本オンチ連盟等という、組合があるらしいのです。
以前、テレビで観たところによると異様なオンチでした。
その人達は、カラオケ等は、動険に唱っているのです。
そのメンバー5、6人をスタジオに呼んで、カラオケで（1コーラスブつ）ノドを競ってもらう。
お客さんに、スイッチで得点を出してもらい優勝者を決定する

⇓

正月以降、音楽学院へレッスンに週何度か、通わせ、数ヶ月後に、全員でひとつのグループか、個人個人での発表会をおこなう。

ダンカン②

○'86 新春元気が出る商事
輝やけ ソックリさん大賞

社長を始め、元気が出る商事全社員のソックリさんを募集する。
1人につき、2人程は欲しいと思う
全員で、20人くらいを順に出て来ていただき、
最後に、ズラリと並べて優勝を決定する。

ポップコーンの正一、正二は、今だにたけしさんをはじめ、軍団の誰ひとり区別のつくものがいない。

KOKUYO

○正月ひ弱な人相撲大賞

・スタジオに土俵をつくり、素人さんのひ弱そうな人を集めてスモウ大会をする。（社員が弱そうなので、誰もかてないとマズイので）
・元気が出る商事の社員も、勿論参加する。
・全員、肉ジュバンとマゲカツラをつける
・男性、女性の部を分ける。

（男性）行司、松方さん　（女性）行司、木内さん

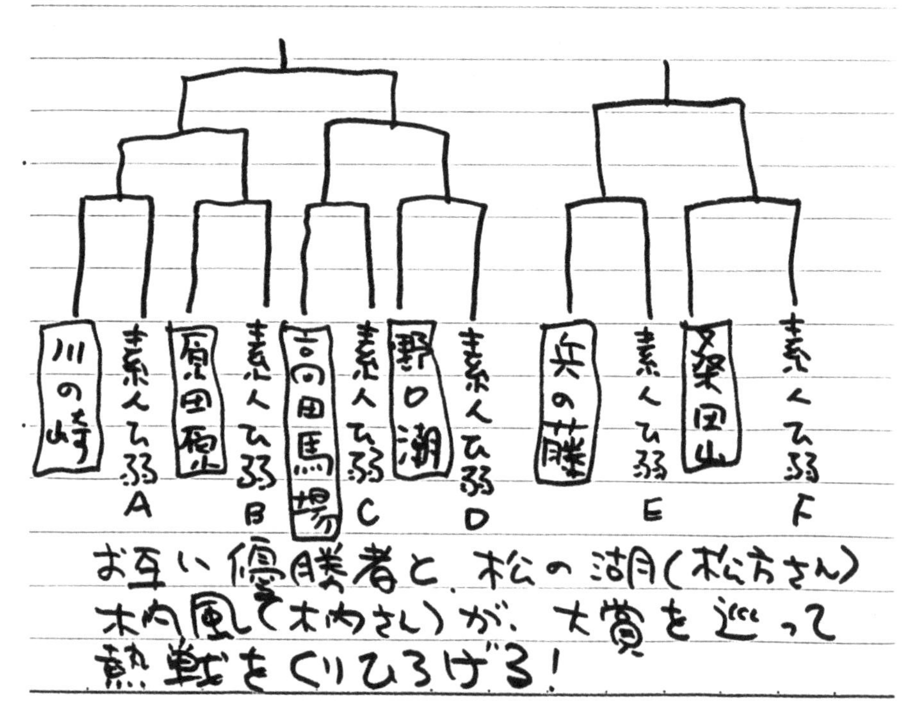

お互い優勝者と、松の湖（松方さん）木内風（木内さん）が、大賞を巡って熱戦をくりひろげる！

ダンカン㊞

○素人参加正月芸大賞

大賞シリーズ第43弾
ゴングショー形式で進行する。
○パンツ一丁で、全身に獅子舞いの絵を書き踊りまくる人
○3分間でおぞう煮を5杯喰う人
（軍団からも参加）
○明治、大正、昭和の元旦の曜日を全部暗記している、わけのわからない人
○川渕さんちの新春公開ひめはじめの出来る人

等わけのわからない人でいいと思います。途中で止めさせればいいのですから。

ガリ
ガリ
私は、一口でカドマツが喰えます。
←Kさん
そんなことしてないで、早くコピーして下さいよ。

KOKUYO

ダンカン⑤

○出演者かきぞめ大賞

年の始めなので、でっけ〜え筆で。
各自、社員好きな言葉等書いてもらう。
書道8段の先生に評価してもらう。

○社員オセチ料理大賞

各自にオセチ料理をつくってきてもらい
発表して、優勝を決定する

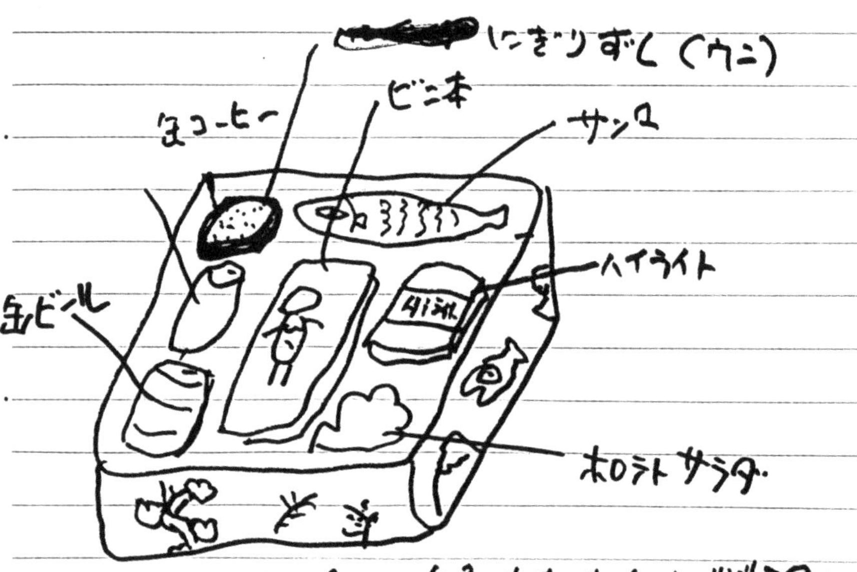

これが、私の好きなオセチ料理だ!!

元気企画

ダンカン①

○全国 高校生マドンナ募集

O.Pとしておこなう(5~6回に分けて)

全国の高校生に呼びかけて 各校のマドンナを1校1名のみ選出してもらう.

1回の放送で 北海道.東北大会 2回目は.九州大会 等とその地区大会の模様を高田.兵藤の両レポーターに行って来てもらう

制服でのオーディション有り.校長先生の喜こびの声有りで盛り上げて.いよいよ全国大会を日本テレビスタジオで行なう.

見事高校生マドンナに選ばれた.女の子は.日本テレビ芸能学院でレッスンさせて.CXの「スケバン刑事」の様な番組を日テレでつくり主演させて.アイドルタレントにする.

○自選.私がお嬢様だコンテスト(2級お嬢様を探せ)

家は.貧乏だが.「私は.清水港のお嬢様と呼ばれている」「私は.築地の魚がしでお嬢様と呼ばれている」とかたくなにいい張っている人をVTRで撮って来て笑う

○川崎氏が.幻のマジシャン チベットの魔術王

ドルジ.ドルマンを呼んで来た!

あまりの.スバラシイ魔術のため世界の奇術界から追放されるという悲劇の魔術師ドルジ.ドルマンを偶然発見 彼は.あまりにもスゴイため.テレビ画面の編集でやっているとしか思えないマジックをやる男である.

スタジオに呼び.さて.その世紀のマジックとは.いよいよ公開迫る.

60.5 100

株式会社イースト

ダンカン②

○北野社長が節分の鬼になってあなたの家へ。
募集してやる。札幌へゆく時に、1軒くらいVTRが撮れそうだ。

○ある日、猫まねき像が涙を流しているのを発見
その夜、不思議と社員全員同じ夢を見る。それは、猫が最近いじめられているというものである。
社員全員で、高尾山にある猫神神社に、猫くように出かける。視聴者は、ペットの猫を連れて参加するコト。
猫はとにかく可愛いいので（バター犬の方が個人的には好きだが）絵になるはずである。
猫神神社で全員でおがむと、猫の神が、出てくる。山の中へと去ってゆく。ロマンもの。

アザラシの頭が、ちょうどフィットするのダーよ！
によろ
によろ。
じり
じり
川渕さんが、ひそかに飼っているアザラシ

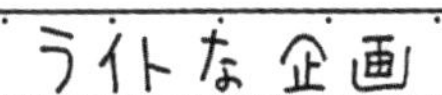

元気企画　ダンカン①

ライトな企画

○長嶋茂雄を元気が出るテレビに出演させよう

日テレといったら、ジャイアンツ、ジャイアンツと云えば、ミスターG長嶋茂雄である。そこで、ミスターをどうにかして、元気が出るテレビに出演させられないものだろうか

・元気が出るテレビに、一通の手紙が届いた。内容は、私は、ミスターと同じ歳で、サラリーマンです。少年時代よりジャイアンツの大ファンで今日まで来ましたが、どうも、ミスターが、ここ数年元気がない様な気がしてならないのです。同じ歳、そして、ジャイアンツファンとしては、ミスターが元気な姿を見せてくれないと、我が事の様な気がして心配でなりません。どうか、元気が出るテレビで元気なミスターを見せて下さい。
元気な姿のミスターを見る事によって、全国何百万の人が、元気になるか解りません。それこそ元気が出るテレビではないでしょうかというものであった。
これを見た、北野社長は「もっともだ!」とうなづき、そして、全スタッフに向かって特別企画『長嶋茂雄は元気に、いまだ燃えているんだよ』を1ロールやると断言してしまった。
そして、OPには、長嶋茂雄を加えた、ミスターダンディを探せ。
そして、たけしメモには、こういう人はプロ野球選手になれない
例）　2アウトから送りバントをしてしまう
　　マウンドが盛り上がっていると怒った
　　三振アウトで俺はまだ打ってないと怒った
等が発表された。

《予想されるシーン》

●長嶋ファンを客席に集め、大「ナガシマ」コール。

株式会社イースト　60.5 100×100

ダンカン②

・長嶋・たけしのペナントレース予想
・あのGIANTSのユニフォームをもう一度きてもらう。勿論（もちろん）、背番号3
（これは長嶋ファンが泣いて喜ぶ）
・あの名場面をもう1度。引退の「…巨人軍は永遠に不滅です」をもう一度マイクの前でやってもらう。
とにかく、ミスターが出演するというだけで盛り上がるはずである！

○ 成人の人に本当の成年の主張をやろう。
「私はその時、先生の言葉に心を打たれた」等というのは嘘だ
いや、本当かも知れないが、とり合えず僕の人生の中にはそんな事一度もなかった。だから、たぶん一度もない人の方が世の中には多いと思う。
そこで、ホンネの主張として、テーマは何んでもいいから募集して、
炎の内ホール等でやる 例「はずかしい体位で感動した私」
とか「ひと夏学生服ですごして感激した」等 他人に言いたい事を発言する場所をもうける。
その様子をVTRで押さえ、優勝者をスタジオで紹介弁論してもらい、現代の成人像を放送する。

○ 宿題シリーズ
・発明展の宿題シリーズは盛り上がりそうだ。
たけしさんをはじめとして、川崎氏、高田氏と、新発明、珍発明がぞくぞく出来そう。他にも、7・8人の素人の笑える新発明品を募集でみれば楽しくライトな企画になるはず

60.5 100×100

株式会社イースト

○大仏魂

★ 大仏魂をなるべく明かるい正義の味方にしたい
ひょうきんなキャラクター的使い方

・元気が出る商事にひとりの小学生から、葉書きが届いた。僕は、今、流行のいじめられっ子です。先日、又、いじめられそうになったので、Xマスに僕の家にサンタクロースが来ると嘘をついてしまいました。
Xマスの時に、いじめっ子を始め、クラスの友達全員が、僕の家で待っているというのです。このままだと、いじめられっ子に嫌われるばかりか、クラスの皆んなにも仲間はずれにされてしまいます。どうか大仏魂様の力で僕の家にサンタクロースを呼んで下さい。

(VTR)
高田社員が現場に行って「こちらが、嘘つきの少年です」と紹介する。
待っても来ないサンタクロース、いじめられっ子は不安になる。
クラスの皆んな「嘘つき！」の連呼を始める。
その時、鐘の音がして、大仏魂がなんとらしいもののサンタクロースになって現われる。
そこで、子供達の心を正す一言有り
いじめられっ子もクラスの一員となる。

KOKUYO

習い事（修業）

○世の中には、こんな習い事（修業）をしている人達がいる。

・相撲の力士の修業
・ヤクザの修業
・板前の修業
・落語家の修業
・坊主の修業
・花嫁修業
・占い師の修業
・いたこの修業はどうしているのか
・相撲のギョウジになる前の修業はどうしているのか。
・犬等の動物に芸を教えるのはどうしているのか。
※番組のマスコットとして、インコとキュウカン鳥を飼い
「天才・たけしの元気が出るテレビ」と憶えさせる！
・植物、動物と話すケイコを毎日している人。
・カメ等の顔を一目見ただけで、今、元気が悪い、今は良いと判断しようと毎日勉強している人
・とてつもなくヘンな踊りを習っている人。

→今、若者に流行しているのは、やはり、占ない。そこで新宿のママに対抗すべく目黒のパパという占ない師を元気が出る商事で、バックアップして、流行させる。一ヶ所にとどまると、色々と問題があるので、ネコマネキ屋台をつくり、日、祭日ともなると、東京中、色々な所に出現して、ナゾの占ない師として、流行らすのである。

野口五郎さんのデートコースを考える。　　　　タケカシ

。野口五郎さんは、常に、デートの時に、大好きなギターを持ち歩くのであった。そして、気分さえのれば、喫茶マイアミの店内であろうが、上野動物園白熊の前であろうが自分の曲「青いリンゴ」等を歌ってしまうのである。

。野口五郎さんは、デートの時、いつも、靴屋があると立ち止まり、10cmのハイヒールが置いてあるか、確認をとるのである。だから、夕暮れともなると、必ず決まって、買ったハイヒールをワキにかかえて歩くのであった。

。野口五郎さんは、夕陽に沈む海が好きなので、たとえどこでデートしていても、夕陽が沈む時間にあわせて、映画の途中であっても劇場を後にするのである。

。野口五郎さんは、かくれたいきなデートをしている。それは、国立競技場や、後楽園球場の反対側のスタンドにお互いに座わって、倍率の大きい双眼鏡を2人共みて、お互い自分の手の平にメッセージを書き、会話を楽しんでいる。だから、デートが終わると2人共、手の平は真黒である。

No.

○冒険

ある夜、川崎氏が新宿の焼鳥屋で飲んでいる時、隣りのカウンターに座わった、中年男性2人が、「正丸峠に幻の裸族」が生活しているのを見たと言う話しをしていた

さっそく、川崎氏が話しかけたところ、地元では、有名な伝説になっているらしい。調査をしてみるべきだと判断した、川崎氏は、すぐに、元気が出る商事、社長北野たけし氏に連絡をとった、その時、ソープランドにいた、北野社長は「裸族、うム、興味ある問題だ」とうなづくと、すぐに調査の指示をした

• 正丸峠を訪ずれる川崎氏、しかし、村の人々は、裸族の話しになると、急に口をつぐんでしまう、とほうにくれ、村を去ろうとする川崎氏に、走り寄る、村の長老の、孫娘の川村香(18才)は、裸族を見た、村の者は、原因不明の高熱で、3日3晩、眠込んだので誰も触れたくないと話す。

元気が出る商事に、帰った、川崎氏は、社長の北野氏に、報告、

• 元気が出る商事、調査団を決せい、高田氏、兵藤氏を先頭に組織された調査団は、さっそく正丸峠へと入って行った

• 峠の頂上に登るJロシ

• さらに、頂上に立つひとりの裸族、しかし、一瞬である。

• 裸族の足跡を追う、突然、裸族のワナにかかる、高田氏、

• 谷へ、落ちる兵藤氏、しかし、谷の下には、その姿がない、ヤブの中に、音がして、裸族に連れ去られる兵藤氏

• 山がりが始まり、3日目に、沢で発見される、兵藤氏しかし、彼女は、何も語ろうとはしない。

• 金属音が、鳴り、空高く、飛んでゆくUFO

裸族は、宇宙人だったのであろうか。

★ 全国より、元気が出る、調査団の衣頼を募集

No. ダンカン

○ 北海道の奥地に元気村をつくろう。

かって武者小路實篤は、九州 そして埼玉県入間郡に「新らしき村」をつくった。

元気が出る商事では、農業を始めたい人、自然の中で生活したい人のために、北海道に、土地を買入し 彼等に与えたのである。

新聞広告→

VTR

全国より、集まった百姓希望者の面接風景等

そして、北海道の生活へと入ってゆく。

住居を造る、土地を造る。

大自然との戦い。そして春を向かえる。

牧場を造る。新らしい命の誕生。

もはや、これはギャグではない。現代社会にうったえる。

人間ドラマである。

○ 君こそ! スタントマンだ!!

・スタントマンのオーディションをする。

選ばれた者で合宿をする。

↳ 車に飛び込んだり、がけから海へ落ちたりする。

・そして日テレ系の刑事物・時代劇に、殺され役等で出演。スタジオで そのシーンのVTR等見て説明

○ 元気が出る商事レポーターに聞くレポーター募集

例) 松田聖子の婚約発表記者会見の席で。

梨本「神田さんとのファーストキスは?」

そこで、元気レポーターは、梨本にマイクを向ける

元気レポ「いい年して、そんな事きいて おもしろいんですか」

又、逆フォーカスマンに、レポーターを24時間追跡させ、

フォーカス写真を撮り発表する。

レポーターとしては、絶対に文句は言えないはず。

一度、真面にやるべきである。

○ めざせ東大プロジェクトチーム
普通の受験生で、三流大学志望程度の人を、プロジェクトチームをつくり、来春みごと東大に入れてしまう。

○ プロレスラー学力(演技力)試験
シェイクスピア等を、芝居で上演させる。

○ 山本益広氏をスタジオに呼び、料理を造っていただく

○ ポルノ女優、ポルノ男優募集
山本晋也監督でポルノ映画元気妻シリーズを製作する事を元気が出る商事では発表した。
・募集してスタッフ一同の目のホヨウにする。
・男優募集で、ただ単に女とやりたいだけの、パンチパーマの男等が前をふくらませてくるはずである。オーディション風景を楽しむ。
元気妻シリーズ
「元気妻、猫マネキでせめて」
「元気妻、ヌメヌメ電車でパックパク」
「元気妻、昼まっから、いけないわウッフン カメさん」
「元気妻、熊野前のケンちゃん」
元気女教師シリーズ
「元気女教師、試験管はイイケド ビーカーはダメダメ」
「元気女教師、ルートの計算 ルートコ勤め」
「元気女教師、とび箱でせめて」

○ 天才少年がいた。
13才の少年をスタジオに呼び、問題を出すと全て答えてしまう。
ニセ、ハーバード大の卒業証書、住民票等つくり、天才少年をヤラセでつくってしまう。

（芸術）OP

岡本太郎氏をスタジオにおまねきして、番組の終了まで、後ろの白壁に必死で大きく「元気」というイメージで画をかき続けてもらう。かきながら「ウオーー！」「ガオーー！」等と声を出しても、まったく気にせず番組を進める。

たけしメモ これは、いかにもニセ芸術家だ。

- 原稿用紙を、2.3行書いてクシャクシャにまるめて机の上に投げる。
- 意味もなく、髪をかきむしっている。
- 2言目には「苦悩」という言葉を出す。
- 俺の画がお前等にわかってたまるかーと叫ぶ。
- ちがうんだよ、ちがうんだよなーとひとり言を言う。

No.

○ 第1回元気が出る文学賞募集のお知らせ、

番組で、文学作品を募集、芥川賞、直木賞等は、誌上だけの盛り上がりだが、元気が出る商事では、画面を利用して大々的に盛り上げてゆく応募はプロ・アマ問わず、メセ切 12/10 発表 '86.正月午前零時と共に発表、後には、NHKの大河ドラマ及び、日テレで芸術祭参加作品ドラマとして OAする。

例）● 直木賞に3回連続して落ちた林真理子さんは、肉体的美しさがかけていたと反省、15Kgの減量を目指し、目標に達したら、新らしい文学界の夜明けになるであろう元気賞に作品を発表することを誓う。

● 田中康夫氏は、男の中の男を、元気賞で発表すると、信州の山奥で山小屋生活に入ってしまった。

● 青森県恐山のイタコ業 米山トミさん（57才）は、最近、霊の本が、多数出ているが、あんなものは全て嘘だ、あれでは霊が浮かばれないと本当の霊界のイタコ小説を書き下してくれる事を発言

OP企画

絵とかくのが
流行っている昨今
お気に召すか。

ゲォー ゲォー

No. ダンカン

○両親タレント当てコーナー

タレントの両親にスタジオに来てもらい。どんな子供か、たけしさんとトークしてもらい。まとめとして、パネル引き抜き式で。5項目程のポイントを上げ。誰の両親であるか。出演者が当てる。

でか頭 → 引き抜く。
目つきが悪い
無口
2回離婚している。
年をごまかしている。

母おや
父おや
エヘン。

親には、なるべく悪口を言ってもらう。自分の子供なら、タレントも怒るに怒れないであろう。

正解 VTR で タレントの出演。

※出来れば、一目見ただけで、タレントにソックリであると笑う。

○全日本元気報告

テーマを、あらかじめ視聴者に教えておき、それ(テーマ)に、そった、1分以内の何んでもいいから。フィルムを送ってもらう(8ミリ・VTR)

毎週3本程ずつ紹介して馬鹿にする。

とにかく元気のあるものが良い。

例・テーマ(のりもの) / ① 11tトラックに飛び込んでゆく、友人の西滝君をVTRで撮った

② エスカレーターを、四つんばいで、逆方向に上から下に降りた父の姿を撮った。

父は、こうしてエスカレーターをはっておりた。

ウィーン
ウィーン
のへし
のっし
わし、やるもんね。

テーマ(団体) / ① 3年C組全員で、学校の屋上から飛び降りた8ミリを撮った。

② 団体で、トラックを持ち上げて、100M走った競技をした貴重なフィルムを撮った etc

IVSテレビ制作株式会社

エンディング企画

ダンカン

○ VTR付き お見舞インフォメーション

入院先、りょう養中の自宅より、元気な笑顔を見せてもらう。

○ エンディングの時に、RCの「元気音踊」をスタジオいっぱいに流し、メチャクチャにボリュームを上げ、出演者・スタッフ・お客さん、とにかくスタジオにいる人全員で、ステージに上がっても良いから踊りまくってエンディング。但し、お客さんには、あらかじめ、出演者に触れた者は「家に火をつけられても文句は言わない」と約束をしておかなければならない。

○ 今週の元気占ない。（パネル式）

1～12月生まれの12月に分けるか、長くしないため、血液型の4つに分けるか、又は、特別に考えて、七・三分けの人・ボウズの人種とかに、分けても良いが、いいかげんな占いをやってしまう。

例）

A型	カタイウンコに悩む一週間 デートの前のオナニーは左手が吉
B型	街で、突然知らない人に声をかけられそうな一週間。でも、その人は、キチガイです。
O型	体力の衰えを感じる一週間。 ガンの人は、特に健康管理を
AB型	恋人と別れる事を考えているあなたも、う一度、じっくり考えて、もう一回やってから別れよう。

→ 引抜き式

↑ あらかじめ見えてる部分

○ これは、スゴイ エンディング企画案

今まで通りにやる！ スンマセン

○全日本大学学長コンテスト

キャンパスで学生達に学長についてインタビューして、どんな学長か興味を抱かせる。

学長の登場、教育について等述べてもらい、生徒と共に、校歌を歌う学長、最初に勿論学校の紹介も入る。

2校より、どっちの学長がステキか、決定する。

トーナメント方式にして、全日本ステキ学長日本一を決定する。

優勝者には、学長専用猫まねき椅子が、横浜商科大学学長より渡される。

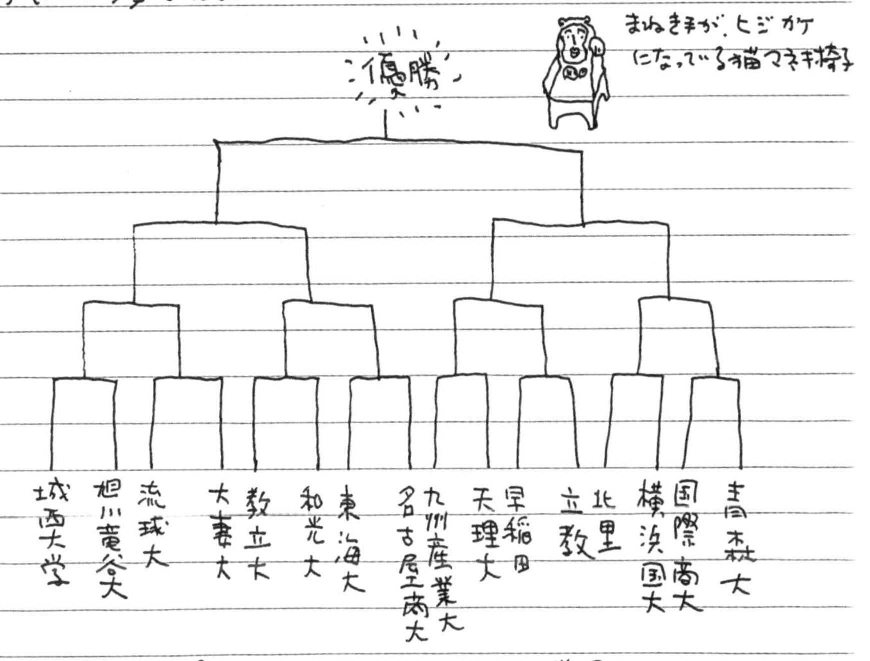

2回戦以降は、再びVTRを撮る。学長の趣味、特技の紹介等

ダンカン

○松方企画

松方さんといったら「男」というイメージ。そこで「松方弘樹男の部屋」と題して、日本中の男を紹介する。情けないのから、スゲエとんでもない奴まで何んでも良い。(おもしろおかしく)
そして、松方さんの等身大の人形「マッカタくん」をつくり、その人形は、ウケルト、ハンカチを丸めた、両手でヒタイを振くという仕掛になっている。

後々は、川崎さん、みどりちゃん等色々な人形をつくり、1コーナー(3分くらい)人形だけで、ウラマイクを使ってのコーナーをつくる。

ダンカン

○OP企画」

「ちょっとスミマセン、それカツラですよね」街頭インタビュー
どうもカツラくさい人に直撃インタビュー
もし、本当にカツラでハゲだったら「ハゲがなんだ、バカ野郎！」
と、移動式の「海」カキ割りに向かっておもいきり叫んでもらう元気な皆んなに愛される企画。
他にも、「スミマセン、あなたの愛人の名前教えてください」
「水虫じゃありませんか」もある。

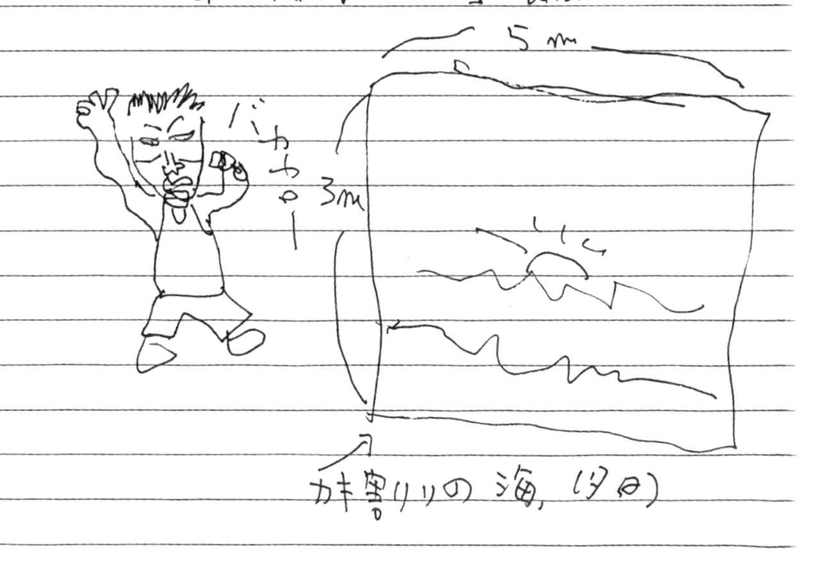

○元気が出る商事社員四コママンガ展

前回の画廊が大人気であったようだ!!(残念ながら、本を見られなかったんですが)そこで、今回は、画よりも、すぐに書けて楽しめるマンガ展はどうだろう。

ゲスト審査員に、谷岡ヤスジ先生又は、水島新司先
望月みきや先生(この2人の先生は個人的に良く知っている)をお向かえして盛り上げる。

60.5 100>

大仏出現案

アジカン

○ UFOの飛来により出現する大仏。

・元気が出る商事でUFOと接触をとろうとこころみる。
河口湖畔 ~~2+人~~ 宇宙への呼びかけ
UFO出現。
傷ついた宇宙人を保護、治療をして、UFOに
戻す。
その時、宇宙人より渡される、ジュズ「これによって、日本
中が倖せになれるであろう」という意味のメッセージ。
※ジュズを使って、現われる、大仏くん。

○ ~~中~~古代中国説
万里の頂上をつくる時の古い絵に、人間の数倍の
大きさの男が、働らいているのがあった。
又、ピラミッド、機械、世界各地の大きなものをつ
る時に必ず、その男がえがかれしいた。
さっそく、調査にのり出す川崎氏、＋ジュズの発見
※Repeat。

元気企画

ダンカン①

『日本人にとって挨拶とは
しかるべきか。平成元年の今、私達は考える』

平成元年1月9日、新天皇陛下は「即位後朝見の儀」において、国民の皆さんに立派に御挨拶なされました。

そして、我々の間で「挨拶」といってすぐ思い浮かべるのは、日本テレビサービス副社長のやたら長いスピーチである。しかし、その副社長も、最近では、周囲の空気に気付き、2回程、「私の挨拶は長いといわれるので今日はしません」という風に、淋しく肩を落としてマイクを司会者に返していた。

年号も、変わった事でもあるし、ここはひとつ日本テレビサービス副社長を「挨拶王がいた!!」という名目で、結婚式、葬式、開店、造船式、国体の開会式等ありとあらゆるパターンの挨拶をしていただき、彼にまなぼうと思うのです。

ダンカン②

『番組ジャック たけし社長が
トップテンの司会に!!』

元気の収録中のKst. 時を同じくして同じビルの1階Gstでは生放送のトップテンをやっている. 片や. 華やかに、工藤静香や中山美穂が. ギラギラのステージで歌っている.
その. すぐ上では. 由利徹さんが. 「花街の母」にあてぶりして踊っているVTRが流れていたりする
どうも. そういう状態は 許すまじき事なので. トップテンに. たけし社長が乱入して. 紳助さんを. 縄でぐるぐるまきにして. (勿論CMの間にやる) CMあけで. たけしさんが「さあ. 続いては少年隊の. ケメコの唄でどうぞ!!」等と番組をのっとる. そして. 番組を返して欲しければ. 「今. Kstで元気の収録をしているから. 1コーナーだけ. 諸星をかせ」といって. 諸星を奪って. ひとつのコーナー. 一緒にやらせる. 黄色いハンカチなどのコーナー.

元気企画

ダンカン① (No.　)

お笑い実験シリーズ
『100人ならば恐くない』

100人の集団をかき集めて色々な事をやり、その周囲の人達のリアクションを見る。

・100人で上空を見て、指をさしたり、何もないのにやっていると通行人はどうするか

・100対1でケンカになり、なんと1人が次から次と100人全てを倒してしまう

・「危ない！」の声で100人が地面に伏せる。さて、他の通行人は

・100人でひとりの女性をナンパする。断わられても、しつこくゾロゾロ着いて行く

・100人でタクシーを止める

・100人で代々木公園のアベックをのぞく

・公園等に集まって、良く数十人で歌っている人がいるがそれをやる。セーノで100人共違う歌を歌い始める。

・100人でいっせいにオーダーを注文する。

太田出版

8「コンコンとついてゆき、このんの顔を考える」

高田、井森の言いたい事いい放題コンビが街へくり出す

人間の顔というのは、後ろ姿と前では全々違ったりする

そこで、ターゲットを決めたら、その人の後ろをコンコンとついてゆき、その人の後ろ姿で、この人は、目はああだこうだ、鼻はあぁだこうだ、口はこうだああだと予想して、芸能人だときっと誰々に似ているという、2人の結論を出したところで、近ずき、「~~それ~~もしもし、もしかしてあなたは○○さん（2人で出した名前）じゃありませんか!?」と言って振り向かせる。全々違う顔が出てくると笑う

これは、後ろ姿で、見ている人もあれこれ考えているので、~~■■~~おもしろい顔が見られる。

『君も!! 第2の青田赤道を目指そう!!』

昔、スーパーJockeyの前に、テレビジョッキーがあって、その頃、「花の応援団(どおくまん著)」が映画化されるに際して、青田赤道役をTV Jockeyの番組の中でオーディションして、阿藤海が見事に選ばれたのだった。

そこで、元気では、アニメの主人公のソックリさんを募集する。

昔だとガキデカのこまわりくんとか、(バカボンとか)ビタくんに似ているのがたくさんいた。今でも必ずいるはずだ。例えば、ドラエモンとか、おそ松くんとか(登場人物)びっくりマンとか必ずいるはずだ。

太田出版

元気企画　　ダンカン①

『六本木深夜の女装大作戦』
ー逃げる男ー

ボカン高田と ~~[illegible]~~ が女装をして深夜の六本木
交差点附近をウロウロとする
カメラは、隠れて撮っていて、もしまかり間違って、2人
に声をかけて来る男がいたら、おもいきり笑ってやろう
という下らないものであるが、おそらく、誰ひとりとして
声をかけてくるとは思われないので、高田さんは、
例えば歩きながら、後ろにハンカチを落とす。そして
もし、拾ってくれた男がいたら「親切な方、もし宜し
かったらお食事でも一緒にいかがですか」強引に誘う
もし、男が断わっても強引に誘う。さらに、男が逃げた場合
は、思いっ切り全力でその男を追いかける。そして、スタッフが
六本木中に捜査網をトランシーバーではりめぐらせ
ていた、逃げた男をその捜査網からの連絡を受けて、
行く先々で待ちかまえる（偶然をよそおって会う）
その男が、タクシー等で六本木から逃げ出しても車で追
い続け、最終的には自宅まで追う。

※これは、実現すると、スゴクおもしろいと思うが、
カメラの関係等有り撮影が異常にむずかし
いと思われますので、仕込みでやっても良いと思うのです
ただしその際、その男はなるべく、セリフを喋らない方が
良いと思われます。

追いかけるシーンは、ライトなど点かず絶対バレない風
をよそう。

『毒蝮三太夫の研究』
―島崎俊郎は毒蝮になれるか―

一体、毒蝮さんというのは何んなのだろう
だけど、私はとても好きです。
そこで、毒蝮さんの、ラジオで100年くらい毎日やってる
スーパーの前からの放送の研究からまず入る
そして、毒蝮さんの会話のパターンをつかむ
VTRで研究する。
例えば、オバアさんの（いる店の人との）会話でよくきくのが

> 本当にいいお母さんで
> これじゃあ、吉田屋（駅前の肉屋さん）
> さんも安心てわけだな。

⇩

> あと、心配があるとしたら、この
> ババアが長生きしたらどうしよう
> てことくらいだな。ハハハ……

等のパターンが有る。勿論、他にもあるが、あえてここでは出さない。この辺は、会議で、そういえば、こういうのもあるよといって皆様で盛り上がって下さい。

そして、駅前の木村屋（金物屋）等に、島崎氏がゆき、今まで研究してきた毒蝮芸風で街の人と会話する。
陰にかくれて、毒蝮さんが見ていて、あれこれ、違う点を指摘して、最後は出て行って、本物の会話をみせる。

元気企画

No.

Date ダンカン①

『北風の街でストロング金剛に会いたい』

ストロング金剛とはいったい何者なのだろう。普通の人間の血は流れているのだろうか。今、若い女の子達の間では、その話題でもちきりだ。そんなストロング金剛をみつめてみたい。

お笑い⇒ストロング金剛と駆け出しの新人作家の発想を、いかに、どこまでおもしろく出来るか。ストロングスタイルのネタをやってみたいと"ふっ"と思ったのでありました。

最終目的　ストロング金剛と女子高生が原宿竹下通りを手をつないでデートしたり、遊園地に行ったり幸せな1日を過ごす。

①まず、ストロング金剛の様な強いお兄さんを持ちたい女の子を集める

②女の子に、順番に、少し離れた距離より「金剛さんをほめる言葉」を言ってもらう。金剛は気に入ると、リング上で、ひとりドロップキックや、ひとりバックドロップをやり、喜びを全身であらわす。

③金剛さんは最後に横一列に並んだ女の子から、ひとりを抱き上げ、リング上に持ち上げて来て、ホールして3カウントとる。すると、その子に決定する

No. ダンカン①

Date

元気企画

○『たけし社長のコトをもっと知りたい』

先日、「しつこい高田」のロケで河口湖へ行く途中のバスの中で、ファンの女の子達と話しをしていたら、たけしさんの私生活の質問を大変興味深そうにきいていた。
そこで、たけし社長の画面に出ていない部分を知りたい人を集めて、色々と質問をきく。それに対して、たけしさんの事を傍にいて一番良く知っている軍団全員、あるいは、数人で答える。
集まった人の質問に軍団が答える他に、「あなたが、たけし社長に会ったら一番ききたい事」というのをカメラに向かって、1人づつ言ってもらい、その中から、たけしさんがおもしろく答えてくれそうな質問を5問くらい選び、スタジオでVTRを流して、実際にたけしさんに答えてもらう。
中には、ひとりぐらい悩みを打ち開けて解決して欲しいというお願が入っていても良い。

No. ダンカン②

Date

○『新春 霊媒スペシャル』

元気が出る旅行社の企画のひとつとして、霊媒スペシャルをやる。

100人でバスでタレントさんのところへ行く、そして、そのタレントさんの会いたい人を霊媒で呼び出し、対面させる。そして、旅行者の中からその霊媒で呼ばれた人に質問がある人は質問が出来る。2ヶ所ぐらい行く。

○『人間、とんでもない状況に出くわすと
どんな顔をするか?』

変な状況をつくり、その人のリアクションをみてみようというもの。

- 公園のトイレに入り出てくると100人ぐらい出てくるのを待っていて、100人ぐらいでとりか込んで拍手する

- トイレから出ると、現場検証が始まっている。

- 人混みが出来ていて、かきわけて前にゆくと、何もないその時の顔

- 公園のトイレが5つくらい満員で、待っていると、一せいにドアがあき、全員相撲取りが出てくる

- 公園のベンチに座わっていると、両どなりに男が座わり、真中の人を無視してケンカを始める。

- 相撲取りがTEL BOXに入り、出られなくなり次に待っている人に助けをもとめる。

元気企画　　ダンカン①

『ダンカン・義太夫の
バイクでお見合い』

たけし軍団の中で！結婚てきれい期なのに
結婚していない、ダンカン・義太夫がいる。
この2人の共通点は 2人共、オートバイに
乗っている事だ。そこで、先日、伊藤さんが
言っていた、オートバイのうしろ にのせて 上げる
企画をプラスして、お見合もする。

目的地までは、僕の750ccと、義太夫くんの
400ccの後ろに順番にのせてやる。

目的地では、50ccのバイク 2台で、

ゆっくり走りながら、話しが出きる（グルッと一周
出来るところ） ひきのカメラでとり、マイクを
つけて、待っている人達にスピーカーで きかせる。
最後に、好きな人のところでバイクを止めて
のせて上げると その人が 選ばれる。

エル

ダンカン②

『忘年会シーズン
元気出演者カメラの前で宴会芸大会』

基本的には「カメラに向かって一発」に近いものだが、今までの元気出演者に芸をやってもらう。

忘年会芸でいい。

- ○アッハー渡辺と馬場たけしの2人羽織で指圧をする。
- ○相沢会長と菅くんの野球拳
- ○ヘビメタの演歌
- ○やしろ食堂の主人 腹芸

etc.

VTRをみて、みんなで笑う。勿論、芸はこちら側でつくってやる。

エV

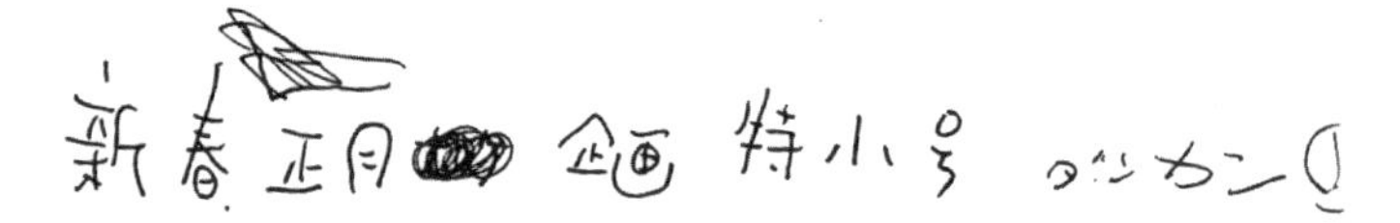

○ 1万人の節分豆まき会のおしらせ。
大仏魂に鬼のマスクをかぶせ皆んなで豆をぶつける。

○ 松方さんのクルーザーをうまくまるめこんで、松方たぬき号にして海へ出す

○ カッパに続く第2号、イノシシ少年が、正丸峠で発見された。

2・3回やって、最後は、大仏魂が念力をかけると、実は、イノシシの霊にとりつかれた男でみるみるうちに、人間に戻ってゆく。これなら、結末をごまかさなくて済む

○ ここまでやったらやってしまおう 8月のペンギン
いよいよ、8月のペンギンと最後の対決の時がきた
あばれまくる8月のペンギン その時、ひとりのタヌキマスクが登場。死闘の末、8月のペンギンを倒す
ホッとする社員一同、しかし、そこには、松方部長の姿はなかった。

○ ひな祭りに先がけて、おひな様募集
本選は、田でん園コロシアムの石段にずらりと和服姿の女の子を座らせて選ぶ。

みんなで分けようのコーナー 夏目そうだったが、正月お年玉として松方さんより30万円届いている様な気がしてならない

OP

ブンこす二(

○ 今年も落ちた浪人生に明かるくインタビュー

○ 受験直前 ㊎㊍ 浪人生 徹定追求.
ドラマ仕立てにして比較する.

○ 受験生を.5人出して.合格の予想を視聴者一たです.

希望校				
好き〜				

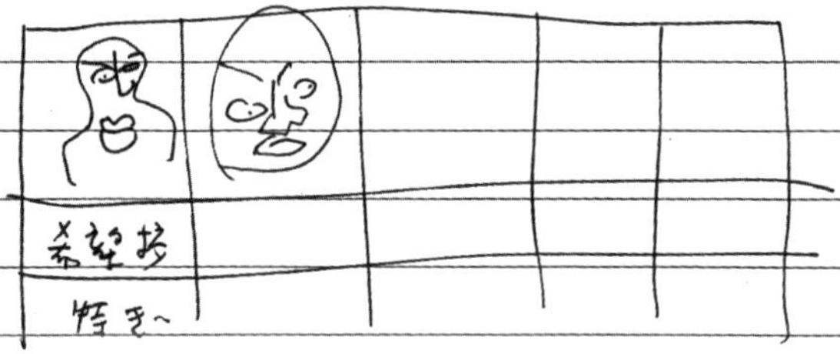

1人1人 勉強法など VTR紹介. 家族の声なども
投票で.当たった人に.プレゼントする.

元気が出るテレビ!!　ダンカン①

○北野武社長の友情

先日、高田純次氏の壮行会をやったところ、とてもおもしろかった。
そこで、元気が出る商事では、たけし社長の学生時代の友人を集めて同窓会をやる事に決定した。
はたして、秀才の兄2人を持つ北野社長の学生時代はどういう高校生だったのか。又、そのシリーズで、川崎氏等順にやって行ったらどうだろう。

○大仏魂の悩み「人気のび悩み」の声

先日、冷静な脳波の時、考えたのだが、大仏魂というのはスゴイと思った。
5Mの仏様を人形にして動かしてしまうというのは、笑ってしまう
しかし、どうも、今ひとつ大仏魂は人気でのび悩んでいる様な気がする。
もっと、キャラクターとして、売り出してしまってはどうだろう。
そのためにも、1本だけでも、ドラマにして、たとえばウルトラマの地球防衛隊の様な設定で、高田隊員が"シュワッ"と変身すると、大仏魂になって、ビートきよしふんする、やたら[illegible]怪獣（武器は屁をするだけ）ヘコキーラと対決して、あっさり勝って地球の平和を守ってしまう
大仏魂バッジ・マスク・帽子をつくり売るべきである。

パンチパーマ帽子もきまってるネ
今流行の大仏魂帽子

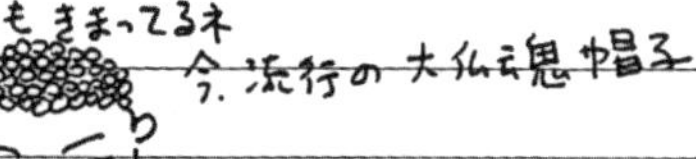

○ 卒業式で涙を流してみたい!!

時々、オッサン等で戦争に行ったりその他モロモロで学校を卒業出来なかった優しきオジさんのために、卒業式をして上げよう。50才のオジさんが学生服を着てズラ〜と並んで「蛍の光」を歌う姿は素敵です

そこで、学園ドラマも1本撮れるのでは。

○ ダミアンを探せ。

先日、軍団のつまみ枝豆氏に赤ン坊が出来た。その子供がデブでゲロは吐くが、鼻血はたれるはのダミアンなのである

そこで、兵藤レポーターによる、赤ン坊を次から次への紹介で、おかしな赤ン坊もいるのでダミアンを決定する。

○ 宿題シリーズ

各社員に、ケーキを焼かせて、それを持って誕生日にプレゼントする。

ケーキの中に川淵さんが入っていて、急に出てくると、これは驚ろく!!

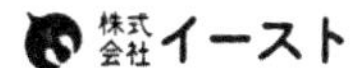

今、弘樹の汗がまぶしい。　ダンカン①

○弘樹十番勝負

松方さんは、トルコの帝王といわれるが、本当に腰が強いのであるか、そこで弘樹十番勝負と題して

他の社員とスポーツで競って、汗を流す、スポーツマン弘樹クローズアップしてみよう。

① たけしvs 弘樹 （野球）ピッチャー・バッターで1打席勝負

※スポーツ大将の野球コケの時、スキを見てドロボウ〇ケをしてしまえばOK

② 川崎 vs 弘樹 （長距離）3KM〜5KM程度

③ 原田 vs 弘樹 （柔道） 力と力、技と技のぶつかり合い。

④ 高田 vs 弘樹 （短距離） 100M

⑤⑥ 野口 vs 弘樹 （幅とび、高とび）

⑦ 兵藤 vs 弘樹 （卓球）

⑧ 桑田 vs 弘樹 （ボーリング）これは、スポーツオンチそうなので期待出来ます

⑨ 高田 vs 弘樹 （砲石投げ）高田さんにボクに頭の上に落としてもらっても良い

⑩ そして、十番勝負の10番目は、スタジオで、たけしvs 弘樹の真険腕相撲（本当は、互わりで、机数を割るのも意をつのが盛り上がると思うが、ケガをするといけないので、僕は、止めたいと思いますが、伊藤さんが、お願いするのに関しては、僕は口出し出来ません）

ダンカン②

○幽霊館に狼男が住む

ある日元気が出る商事に一通の手紙が届いた。私の家の近所に
幽霊が住むという伝説の館があるが、最近その近辺で数人の人
がおそわれ、その場所に狼のものらしきモノが落ちていた。我々住民
は、このままでは不安で夜もおちおち眠れない。そこで元気が
出る商事の川崎冒険隊に手により、幽霊館を調べてもらえ
ないだろうか というものであった。さっそく、川崎隊は その幽霊
へと向かった。

その幽霊館を調査する川崎氏は、あまりにも不気味な物
語にぶつかったのである。いまから40年前、その館に幸せな親
が住んでいた。しかし、ある日、その家の3才になる子供が、
親がちょっと目を離したスキに、狼にくわえられ連れさら
れてしまったのである。両親の必死のそうさくにもかかわらず、つい
に子供は発見されなかった。しかし、一年たったある日、その
子供が、ひょっこりと戻って来たのである。両親は喜こんだのだが、
幸せな日々は、長くは続かなかった。子供が戻った日から、不
気味な出来事が連続して起こり、ついに両親は、この世を
去ってまった。その後、たったひとりとり残された子供は、ゆくえ不明
になった。ドラマは、この過去をひきずって進んでゆく。
はたして、川崎氏の見たものとは 謎(ナゾ)は謎(ナゾ)を呼び、物語は
以外な方向え。正義の使者 大仏魂は、立ち上がるのか…

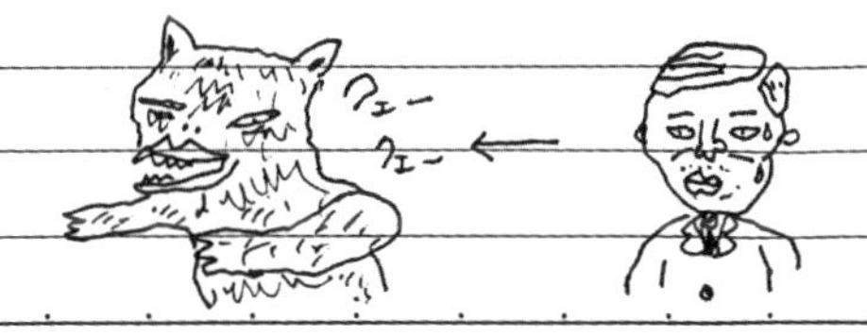

○札幌企画

札幌雪祭りの会場に大きな（たけし）猫まねきの雪像がある ENDINGの時（or. OP）それが、みるみるうちにこわれて、中から大仏魂が現われるという、拍手かっさいワーイ、スゲエ！スゲエ！一発おどろき企画

○ 野口五郎さん企画

日本歌謡界を振り返ってみよう（東京オリンピック以降）
まりちゃんじゅん、じゅんとネネ、ピンキーとキラーズ、中3トリオ、ごさい
VTR、写真等を入れて笑って、
野口五郎にスポットを当て 当時のVTR等を紹介
最後に、当時の衣装（ハイヒール）で歌うたってもらう。
　　という事で日本歌謡史はスサマジイ、我元気が
い出る商事も歌謡界に進出したいと思うで、歌手募集
ともってゆく。（スゴイ!!）

X. 事務所（ジャニーズ、バーニング、ナベプロ、ボンド、太田プロ etc）
の、お浣歌謡界マップ、日テレとバーニングは
出来ているけどどうのこうのもおもしろい。
（力関係早見⊕である）

元気企画

ダンカン①

○ 北野社長の親孝行

北野社長は、最近悩んでいる。地位も財産も欲しいままになったが、それでも「ふっ」と心の中に何か、むなしいモノを感じる今日此頃であった。ある朝、目覚めて、顔を洗おうと思い、鏡をのぞいて「ドキッ」とした。鏡の中の自分の顔が、亡くなった父親の菊次郎にソックリではないか。そう思った時、そうか、俺も、知らないうちに、親父に似てきていたんだなと思うと共に、親父に親孝行らしい事のひとつもしてやれなかったその事が、つねに頭のどこかを離れずにいた自分に気付いた。よし、ここは、ひとつ親孝行をしようと立ち上がった。しかし、墓を新らしくするとか、墓まいりをするとかでは、どうも今ひとつふっきれないので、悩んでいたところIVSの伊藤さんが、その話しをきき、軽い調子で「親孝行！やりましょう！やりましょう！いい話しじゃないですか、こうしましょう、ここはひとつ、たけしさんのお父さんのソックリさんを募集して、似ていた人と対面するというのがいいすよ、ねえ！よし、それいきましょう」その時北野社長は、川崎徹をたすけたのは誰だが、ふっと頭の中をかすめていったが、すぐに忘れた。

菊次郎氏の写真のデカパネルをつくり、一般で募集する。たけしメモ風で、これが北野菊次郎だ!!をやり、今年度上半期は、昨年のガンジー オセロと肩をならべる、菊次郎ブームとしよう。

そして、私が口から火をふける川渕だ。
ダンカン②

○ 猫まねきオロチはどこへ行くのか

大場教授は、最近3ヶ月間研究室にこもったまま出てこなかった。元気が出る商事に大場教授より手紙が届いた。「まもなく私の研究者としての一世一代の研究を発表出来る日が来る」と書かれていた。

ある夜、東洋科学研究所にドロボウがしのび込んで、大場教授の研究室に入った。そしてひめいを上げ気を失なって捕まった。はたして、その男のみたモノは何だったのか。

⇓

オロチ公開

⇓

・大仏魂とオロチのレコーディング計画

・大仏魂とオロチの3分間ドラマ売り場

△青春編・大仏魂のセーラー服におさげ髪 オロチの学生服に全ての頭に学生帽で恋愛モノ

△時代劇・大仏魂の宮本武蔵とオロチの佐々木小次郎の対決

・オロチ帽子・大仏魂バッグ等キャラクター商品販売

ダンカン③

○ジャイアンツの今年入団の新人を元気に[illegible]しよう!

日本テレビなので即OKになるのではないですか。
出来れば、ひとりひとりをさわやかに紹介して最終的には、
ジャイアンツの選手を総出演していただき、ジャイアンツドラマ
を原田さんとつくり、'86ペナントレースの優勝を誓うという。
いかにもよみうり系、コーナーとなる。

ドラマ内容 甲子園を目ざしている、藤村英治は、大のジャイアンツ
ファンであったしかし、彼のまわりは、全てタイガースファンで、家族
まで、彼にいやがらせをする。他の部員も、彼に冷たい。
このままでは、いけない彼を元気にして、甲子園のマウンドに立た
せて上げようとする原田。原田はジャイアンツの私設応援団
長となり、多摩川で旗を振る。君も思いきってこの旗を
振ってみろと叫ぶが振れない。色々あって、元気になる
藤村くん目出たし目出たし。桑田投手等出ると、こうふんする
優勝をあらそう。巨人ー阪神。そして最終戦で桑田がマウン
ドに最後に、代打川藤の満塁ホームランで優勝する
タイガース しかし、マウンド上の桑田の目には、さわやかな涙
が。それをみて、よし、巨人のマウンドに立って優勝させるぞと
かたく誓う藤村 応援団の原田が、バックスクリーンに入って
旗をふる。アナウンスで注意されてEND

わたしです。

元気が出るテレビ企画

ダンカン①

○「元気が出るハトバス」で親孝行をしよう。

先日の放送で北野菊次郎氏に北野社長が親孝行したのではないかと思ったが、テレビを観ている視聴者の方々にも親孝行をしていただきたいと北野社長が発言した。

普段、親孝行をしたいがどうしたら良いか悩んでいる方々のために、元気が出る商事では「元気が出るハトバス」を用意して、元気巡りを、親子で、抽選で15組30名に招待する計画を発表した。

元気バスは、哀愁のある、昔、あった田舎のバスを探して来てペインティングで元気バスに改良したモノである。しかし、実際は、製作費の関係であった。

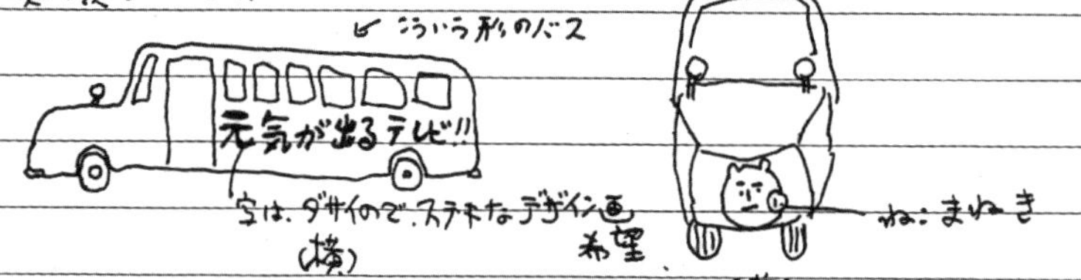

応募資格として、子供が40才以上の親子で、2人1組で応募する事。

兵藤社員が、バスガイドになり、いよいよ、元気が出るハトバスは出発した

予想されるコース　吉良邸 —— 三波春男先生ご対面（先週の会議で三波先生と大仏魂の話が出ていたので）—— 浦安フラワー商店街 ——「天才・たけしの元気が出るテレビ!!」本番スタジオ見学 —— 元気村付近の温泉 —— 元気村で宴会（泊り）—— そして、翌日、全員、親を背中に背おい毎川さんの様なポーズでの記念写真を撮る。

※ 元気バスは、後々、色々な遠足、ピクニックの計画に使用出来るので是非一台欲しいものである。

~~○北海道の野性の馬を使って川渕さんに種つけをしよう。~~
~~万博以来、今日まで~~

ダンカン②

○元気を見ている人は、街で気軽に笑顔がかわせる。

放送の中で、元気を見ている人は、たとえば、左手の中指に赤いヒモを結びつける等して、「あっ、あの人は、元気を見ている人だ」と街を歩いていても解るようにする。そして、そういう人同志が出会ったら、左手を上げ「ガンジー!!」等と、あいさつを決めておき、必ずする事にしておく。そして、あいさつした人同志は、お互いに1つづつ相手に質問が出来る特権がある事にすれば、見知らぬ者同志が急速に、仲良くなったり出来る。

だから、どうという事はないんだが、以前流行した「ピース」の様なモノが出来るのではないかと思った。

Kブチさん
ガリガリ
ニワトリの生首をくわえているところにしましょう

元気を見ている人は、頭に目じるしのカメをのせていなくてはいけない。

○元気カットを流行させよう

流行はつくるモノである。そう考えれば、元気が出るテレビなら、やれないはずはない。あらかじめ、こちらで指提しまうか、一般募集で、ヘアースタイルを決めるかになると思うが、その髪形にしている人には、何か特典を上げても良いと思う。

例　（半パーマ）

前　横

（ガンジパンチ）

中央が普通の髪で
回りだけがパンチパーマになっている

ダニカ2③

○地下マラソンがやって来た

毎日マラソンとかビワコマラソンとかありますよね。あゝいうマラソンの時、必ず補道を一緒に1KMくらい走っているバカ者がいるものです。しかし、僕はどうもあいつらがにくめないのです。TVを見ていると「あっこいつ、まだ走ってやがる。けっこう根性あるな」と感心して、マラソン選手よりそのバカの方に目が自然と向いてしまう事が多いのです。
そこで、マラソンをやっている時、常に1000人くらいの人が、両側の補道等をマラソンしていたら不気味です。

別に勝ち負けがどうのじゃなくて、今まで、補道の客は止って応援しているのが普通と思っていたのに、全員走ると驚く。

○たけしおひな様までやって来た

たけしサンタ、たけし天使に続く第3弾
ひな祭りに、兵藤社員と2人、たけしびながあなたの家に
これは、女だけの姉妹の家だけに限る。

○ハレー彗星が、オロチを連れて来た

ナゾの占い師の予言で、ハレー彗星が、元気が出るモノを運んで来ると発表。1万人のハレー彗星を見る会をつくる。その時、流れ星が落ちオロチが誕生する。

特別企画
○K渕さん、O崎さんの悪魔のシスターが、ひとり暮らしの男子学生の部屋を深夜に襲う。
尚、特別出演でミO・H嬢の参加予定有り。

元気が出るテレビ

ダンカン ①

○東京おそろしマップの紹介

いよいよ春がやって来る。

大学受験も終わり、北海道、九州等の田舎から、続々とずうずうしく上京してくる奴等がいるのです。そういうあつかましい奴を阻止するため、東京おそろしマップをつくって田舎にとどめてしまおうというものです。

渋谷近辺

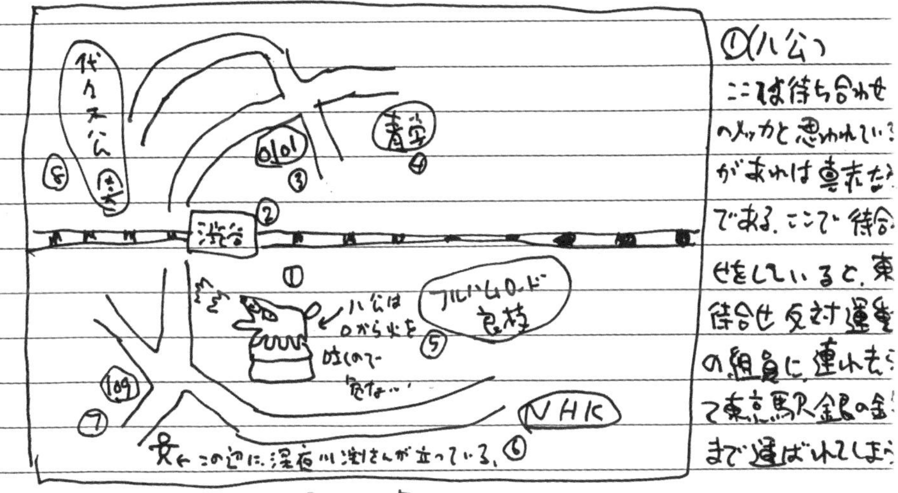

①(ハ公)
ここは待ち合わせのメッカと思われているがあれは悪夢なのである。ここで待合わせをしていると、東京待合せ反対運動の組員に連れさられて東京駅銀の鈴まで運ばれてしまう

(この地図は嘘です)

②(渋谷駅) ここは、駅のアナウンスでホームと電車の間が離れていますので注意して下さいと親切だが、その間かくが、日により、5mも離れていることがあるので危険が多い。

③(丸井) 赤いカードというのはウソ、本当は最初は白いカードが渡されるが、1日でも返済が遅れるとヤクザが40人くらいまで白いカードが血で赤く染まるので赤いカードと呼ばれる様になった。

④（青学）青森学と勘違りようの田舎である。
⑤（フルハムロード良枝）ここに毎日通って。どうせ。三浦は一生出て来ないので。良枝さんと仲良くなって。結婚して。保険金をかけてロスで殺してしまうとマスコミはおどろく。
⑥（NHK）集金人の80才以上のオジさんが。夕方になると集金のお金をもって。東京中から集まってくるので。夕方6時くらいには。この近辺に4千人くらいのジジイがウヨウヨしていて気味が悪い
⑦（109）110番が警察なので。それより ひとつ少ない数字なので。私立探偵の事務所で有る。
⑧（代々木公園）代々木公園は広いと思っている田舎者が多いが 実際は。TV局で使うカキ割りで出来ていてそう広くない

等の事を発表して。田舎者を東京に寄せつけない様にする。それでも解らない田舎者には。実際に東京に出て来て生活している貧乏学生の3畳一間のボロボロ生活をVTRで紹介してやる。

東京を夜8時以降ひとりで歩くと
川渕さんに連れさられてしまう。

神かくし
カワブチの伝説

オトコ——
オトコ
のこりをくれ——
岡崎さ
（役名）
ひえーっ
どどどど…

ダンカン③

○なんてったってあいどる！

ハンチパーマ60人の時の早見優ちゃんを始め、やはりアイドルはスゲェ可愛いい「あんながキの唄なんかより、やっぱり大人はユーミンしかねえぜ！」と言ってる人でも、中山美穂を目の前にすると「ユーミンなんて、ババアのクセに、歌がよくても、しょせんブスはブスだもんなハハハ」とヘラヘラしてしまう。
そこで、1回ぐらい、アイドル桑田靖子を中心とした企画「アイドルはやっぱり可愛いいコーナー」を大々的にやってみる。色んな、中年のオッサンの指示するアイドルや、家族で選んだアイドル等、平均的日本人大賞の時のような、データー等含め、第1回アイドル大賞を選んでみよう。年に一度の大賞なら、視聴者の興味をひき、元気もわりとミーハー的な事もやったりするんだなと逆に好感をもたれる。

60.5 100×

元気が出るテレビ企画　ダンカン①

第1回
○元気が出る商事杯ゴルフコンペ大会開催!!

昨日、埼玉県にロケに行ったところ、地元の住民の方に、「松方さんとたけしさんはテレビを見ていると仲が良さそうだけど、私生活では、そんなに付き合いがないんでしょう」と質問された。そこで、たけし社長と松方部長は、本当に仲が良いのだから、見せつけなくてはいけないと思った。そのために、ごく自然に2人の会話、笑顔の見られる企画が良いはずである。

そして、元気が出る商事社員内で最近ゴルフが流行しそうな気配では、ごぞんじであると思うが、思いきって、元気が出る商事杯ゴルフ大会を大々的にやってしまおう。

これなら、たけしさんも参加するし、プロデューサーの方々や、電通の方々も参加していただき、尚、一層番組の発展へとつながるのです。

一般の人の参加を大々的に募集するか、はたまた、番組関係者（今までのおもな出演者）にするのかは今後、見答する。

当然、ゲストとしてプロの方も数名、招待すべきであろう。当日は、社員に、猫まねきのゴルフバックや、袋ではなやかにプレーしていただきたい。当然、ピンの旗、業、元気の旗にすべきである。スポーツ大将でもゴルフは、まだやっていないのでやった者勝ちで、駄目でもともと、ゴルフが楽しめたと思えば良いではないか。

ダンカン②

○ 新設高校を元気にスタートさせて上げよう!!

'86.4月 この春より、新設され、入学する生徒が目出たく第一期生という高校は、必ず何校かあるはずである。

こういう学校は、先輩がいなくて自由な反面、どうしたら良いのか、不安でいたたまれないはずである。

そんな学校の生徒達に、元気なスタートを切らせて上げたい

その学校も、5年10年30年と、歴史を重ねてゆくわけであるから、名門校になるか三流校になるかは、スタートいかんである。

- 入学式(or開校式)に兵藤社員の応援演説!!
- 校門の横に、二宮たけし(二宮金次郎の顔がたけし社長になっているもの)像を設置する
- 記念植樹の贈てい
- 校歌のまだ無い場合は、元気が出る商事で考えてやる。
- 色々なクラブ活動をつくり盛り上げる
- さらに、出来れば、制服・セーラー服等のデザインも考えて上げる。

当然、私立の高校でなければ無理であろうが、うまく行き、わりと自由に、使えれば色々便利だと思う。

ダンカン③

○元気村が、この春もっと元気になる

最近、寒いせいか元気村の噂をあまり聞かない。しかし、実は、春先に一機に、爆発する為の沈黙であったのだ!

この春休み 3月後半から4月の頭まで「元気村ウィーク」と名付けて、一週間、大々的に、イベント的要素を含んだモノをやる。それは何かとおっしゃると、全国から、自分のペットを連れて元気村に集合させるのである。犬・ネコ・ヘビ・ワニ 色々な動物が、あの家中「ワンワン!」「ニャン!ニャン!」「グオグオ」と連れられている姿は、まさに、愉快そのモノである。

そして、そのペットの写真を全て撮り、ウィークが終了した次の放送の時スタジオに、写真をズラ〜ッと並べた大きなパネルを出して元気ペット大賞を選ぶ!心暖まる企画です!!

元気企画　　　　　　ダンカン①

○全国元気が出る外人大賞のお知らせ!!

前回OAした、全国選抜パンチパーマコンテストは、楽しかった、そこで、これからもあの感じのコンテストをやってゆきたい。

そこで、日本に住んで10年以上の外人さんのコンテストをやったらどうであろう。何んの為にやるのだか良く解らないが、とり合えず、現のペリーさん、あるいは、ラフカディオハーンを探すという事で進めてゆく。全国から募集して、パネルで、顔写真を並べる。インド人等が出てくると楽しい。

	アメリカ	ドイツ	インド	中国	ソビエト	アフリカ
	トム・エドワード	シュイッツ・ベル	マハトマ・ガンジー	ちん	スドレフ・ビエンコ	不明
日本に一言⇨	リメンバーパールハーバー!	ハイル・ヒットラー	チャダを返せ!	ゼンジー南京 日本人アルヨ!	落とすぞ!!	○○○○△×!!

スイス	ブラジル	メキシコ	フランス	スエーデン	オーストラリア
アイガ・モンブラン	エッソ　アイーン	ホセ・アントニオ	アラン・コロン	キングジョージ二世	コアラ・カンガリー
貯金をするならスイス銀行	日本の人々は底抜けにくらい!	おいでませメキシコへ!	まるせ太郎は元気かな!	スエーデン喰わぬは男の恥じ	コアラ!1本とられたな!コカコアラ!!

VTRを使って、日本式の事で自慢出来るもの等をやらせて見て競う。

○ 本当にスゴイ奴が来た！
最近元気が出るテレビで放送しても、「また！また！」と信じてくれないので、こうなったら、一度くらい、真面目に、本当にスゴイ超人とか超能力者を呼んで、出演させる。
たけし社長は、例の調子で「また！また！川崎さん！はじまりましたか…」とわざとつっ込む。視聴者も嘘だと思い込んでいる頃、本当だとタネ明かしをすると良い。次回以降視聴者が再び信じたりして奇跡ネタが通用する。

頭の皮をひっぱって頭がい骨から、ひき離せる。カナダのココペットさん。

○ 新らしいオモチャをつくる。
全国から、まあ、いうなれば発明展の様な気もするが、オモチャなら、色取りもカラフルだし、夢があっていい。
例）　インド風ヘビブエセット

ダンカン③

○猫まわしが踊る!!

例の、猿まわしの、紫太郎・次郎(?)の猿に、スッカリ猫まねきのメークをしてしまって、猫まわしとして、踊ってもらう。(演芸)これを、ベストコンテストのOPにして盛り上げる。

○日テレの屋上に旗

日テレの屋上に、元気の社旗の思いきりでかいのでぶっ立てる。別に意味もなくやる。

又、マラソンランナーを3人くらいえらび、元気ランナーとしてマラソンに出し応援する。勿論、街頭で元気の旗を振って応援する。

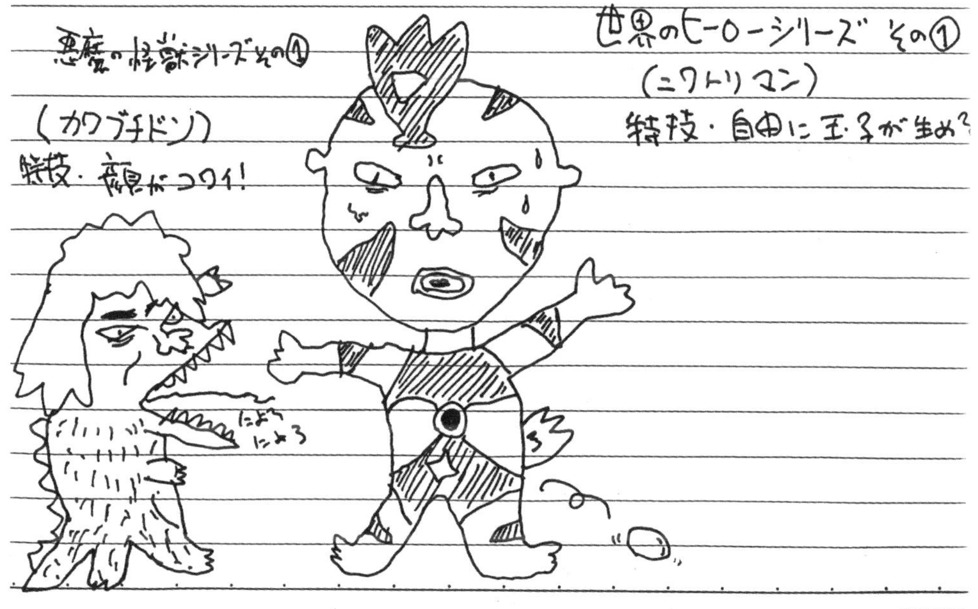

そーたにの証言

丁々発止の会議から企画が生まれていた

――そーたにさんは『元気が出るテレビ』で募集していた放送作家予備校に参加されて、そこでダンカンさんに出会われたんですよね。

そーたに　そうですね。僕が大学4年生の5月頃に放送作家予備校のオーディションがあって、正式に入ったのが8月でした。会議に参加したらそうそうたる顔ぶれの作家さんたちが並ぶ中にダンカンさんもいて、僕はたけしさんに憧れていたから「たけし軍団の人がいる！　うっそー！」と思いました。ただ、最初はこわかったですね。僕ら学生は伊藤さんが設立した会社ロコモーションの所属ということになったものの、企画会議でしゃべるなんてなかなかできなかったですね。会議室の横長のテーブルの真ん中に伊藤さんが座って、ダンカンさんはいつもその前か横にいて、ふたりともピリピリしていました。ダンカンさんはお笑いにマジメな人で熱かったし、伊藤さんもキレッキレ。会議で伊藤さんに正面から「僕は違うと思いますよ」って反対意見を言えていたのはダンカンさんだけじゃないかな。

　僕が23歳のとき（1988年）、伊藤さんは『元気』と『ねるとん紅鯨団』をやっていたんだけど、日本テレビから「もう1本たけしさんでコント色の強いゴールデン番組を」と振られて（『ビートたけしの全日本お笑い研究所』）、ある有名な放送作家事務所にも入ってもらったんですよ。初回は2時間生放送でツービートがこれまでのネタから新作も入れたマラソン漫才をやることになって、僕らも含めて「新作の漫才台本書いてこい」ということになった。そしたらダンカンさんがその有名事務所から出てきた漫才台本を読んで「これはツービートじゃない」と言ってバッと投げ捨てたんですよ。それに怒ってその事務所の方々は全員降りてしまい、あとで伊藤さんが「ダンカン、大人になれよ」と言っていましたけど、そのくらいバチバチだった。まあ、ダンカンさんは当時たけし軍団として出演する傍ら、たけしさんの番組とたけし軍団の番組のほとんどで作家をやってブレーンとして活躍していたので、他の作家とは背負ってるものが違っていたんだろうなと思います。

ただそのときの「これはツービートじゃない」という発言はものすごく例外的で、ダンカンさんは「たけしさんはこんなの好きじゃない」とか「こういうものをやりたがっています」みたいなことはほぼ言わなかった。だから「たけしさんの座付き作家」というイメージもなかったですし、会議でもそういう気の遣われ方はされていなかった。今思えば「たけしさん的に言うと」みたいな振る舞いをしていれば他の作家もビビったはずなのに、そういう笠に着たような物言いはしないんです。

「見たことがないものをやる」ことに対してストイック

――ダンカンさんが他の作家の仕事を認める／認めないの線引きはどういうところにあったと思いますか。

そーたに　人の悪口を言う人じゃないけど、ネタに関しては厳しかった気がします。特に「慣れ」で書いている人は嫌いだったと思いますよ。死ぬほど考えている企画かどうかは、読めばわかりますからね。特に『元気』って、何をやってもいい自由度の高い番組だったので、会議のネタも「これがテレビなの？」っていうネタを、みんな平気で出していたし、ありがちな企画は恥ずかしいという空気に満ちていました。ダンカンさんはそういう安易な企画や、よその番組でも似たようなことをやってるもの、昔からあるものの焼き直しに対しては否定的でした。「見たことがないものをやらなきゃ」という強迫観念があって、ストイック。それは伊藤さんもそうでしたね。他の番組や週刊誌を見て考えたような企画は嫌いだった。伊藤さんは頭が悪そうな企画や出どころがまるでわからない企画には「頭悪そうでいいぞ！」「刹那的でいいな！」「洞窟の中で考えただろ」とか言って喜んでいたけど、どういう基準なのかまったくわからなかった（笑）。感覚の人でしたから。だから伊藤さんが『元気』を降りてからはダンカンさんも大変だったと思いますよ。この本に載っているような「伊豆山中に裸族がいる」みたいなめちゃくちゃな企画もゲラゲラ笑って「ダンカンちゃん、たしかにいるよ！」と言ってくれるのが伊藤さんでしたから。今のテレビ業界だと「作家が何ひとりで気持ちよくなってるんだ」って怒られるような企画でも伊藤さんは喜んでいたし、自由でした。

――テリーさんとダンカンさんは、ウマが合ったんですね。

そーたに　ただ伊藤さんは『ねるとん紅鯨団』みたいなお笑い以外の番組もやっていましたけど、ダンカンさんは日々の生活も含めてとにかくお笑いがやりたい人だった。企画書を読んでも、まったくブレてないですもんね。生みだすときは苦しかったんじゃないかなと思いますけど。笑いに結びつかないことをやるのはイヤがっていた気がします。

――ダンカンさんは企画がダメだったときに結果をどんなふうに受け止めて次に活かしていく方でしたか？

そーたに　何とも思ってなかったんじゃないかな（笑）。日々のスケジュールに追われていて。ダンカンさんが当時やってた番組はどれも笑いを軸に形態の違う番組だったから、振り幅があって回転はよかったんじゃないかな。企画もの、コント、ゲーム番組……いろんなことをやってましたから。『元気』の現場だけ取っても、とにかく時間がなかった。当時は火曜と水曜が会議でそこでネタを決めて、水曜から金曜までにロケ台本、ロケハン、美打ち、オーディションなど仕込みをやって、土・日にはもうロケ。日曜の夜中に編集して、月曜にはスタジオ収録。このサイクルを毎週。僕ら若手の作家は伊藤さんに「お前ら作家はロケも編集所も行け」と言われていたので、みんな金曜土曜はIVSや地方、日曜は編集所に泊まり込みしてました。当時の『元気』は1時間のオンエアで基本5ネタ、そのうち3～4本は新企画。素人参加企画の週5本ペースを毎週というのは、今なら到底ムリですね。当時、リサーチ会社も入ってなかったし、ネットもない時代。スタッフの人数も今のゴールデンの半分もいなかったと思います。当時「無理。できない」という言葉がなかっただけで、みんな狂ってましたね（笑）。でもそれは『元気』に限ったことじゃなくて、その後の『電波少年』も、『ロンハー』の気の遠くなるような壮大なドッキリも、誰も「無理」と言わない番組がその時々であるんですよね（笑）。さらに言うと『元気』はお蔵入りもけっこうありました。伊藤さんが日曜日の夜中に編集所を回り、つまんないと大暴れして「大直し！」や「撮り直し！」なんてこともありましたし、それを乗り越えても、たけしさんが月曜日の収録のときにスタジオで観て気に入らないと急にナシになったり（笑）。さすがにたけしさんにボツにされたときは伊藤さんも反省会で暗い顔して、ダンカンさんはたけしさんと伊藤さんとの間で板挟みになってました。伊藤さんから「たけしさん、こういうの嫌いなのかな？」と振られて「僕はおもしろいと思いましたけどね」とかって。

――そんなスケジュールでみなさんよく企画書を書けましたね。

そーたに　1週間必死に考えて4つか5つ会議に出すんですけど、作家を始めた頃は

「え？ これを毎週？」と思いましたけど、それはもう習慣にして体で覚えるしかないんですよね。それに僕らは、僕らの何倍も多忙なダンカンさんが毎週書いてくる「ふざけたことを真剣に考える」企画の数々を見ていましたから。そうしているうちにダンカンさんが認めてくれて、会議や収録終わりで飲みに連れていってくれるようになったんです。他の先輩作家さんたちは僕ら学生作家に対して「あいつらは伊藤さんがおもしろがってるだけだ」となかなか認めてくれない空気だったのに、ダンカンさんは最初こそこわかったですけど、すぐにかわいがってくれるようになりました。僕、ダンカンさんの結婚式のご祝儀、当時お金がなくて「たったの500円」と書いて500円玉入れたんだけど、嬉しそうに笑ってくれましたね。今思うとよくあんなことやったなと思うんだけど（笑）。ダンカンさんにやさしくしてもらえていなかったら、僕や田中（直人）なんかなかなか作家として世に出てこられなかったと思います。
——集団で映像を作るにあたって、ダンカンさんのスタッフや他の出演者との付き合い方、コミュニケーションのしかたに特徴はありましたか？
そーたに　演者側から見たときの企画のアドバイスをしてくれたと思いますね。ダンカンさんの企画書を見ると、具体例がたくさん書いてありますよね。実際やる側としてはああいうのがあったほうがやりやすい、とかね。

企画書は会議でいかに印象に残るかが勝負

——先輩放送作家としてのダンカンさんから学んだことは？
そーたに　僕は小さい頃から習字を習っていたので、もともとは達筆だったんです。だけどダンカンさんも、当時やはり憧れの放送作家だった宮沢章夫さんも丸文字だったんですよ。だからすぐに字をマネしました（笑）。ダンカンさんの絵心をマネするのは僕にはムリでしたけれども、この手書きの味のある丸文字のほうが企画がおもしろく見えるぞ！　と。僕がマネし始めたら、他の作家も何人かマネしていましたね。だから伊藤さんのところのロコモーション系の作家はみんな丸文字（笑）。ネタって会議のときにどれだけ印象に残るかが大事ですから、個性的な書き方をするのって大事なんですよ。手書きなら遠くから見ても「あ、いま伊藤さん俺の見てるな」ってわかりましたし。ダンカンさんの企画書も独特ですけど、宮沢章夫さんにしてもみんなそれぞれ独特でした。あと僕が影響を受けたことと言えば、会議に企画は2系統持っていくということですね。

——2系統？

そーたに　ダンカンさんの企画って、文字数も多くて凝ったイラストもあって、多分メモを見ながら時間をかけてしっかり書き込んである感じがするでしょ？　でも会議に出すネタが3つあるとしたら、会議直前に「えいや！」で書いたような、時間のない中パッとひねり出したんだろうなと思うネタが最後にあって、それがまた天才的なんです。『元気』でやった、街角から100人が突然出てきて追いかけてくる「100人隊」なんかは、ひらめき系の「えいや感」がありますもんね。理屈がないというか、1行でわかる企画。さっき1週間必死に考えると言ったことと矛盾するようですけど、企画は必ずしも時間をかけたものがいいとも限らないですから。考えすぎた企画はいつのまにか設定や構造が複雑になってたり、合わせ技になってたり、思い入れが強すぎて、独りよがりになってしまうことがあるんですよね。読む人、見る人との温度差が出るというか。だからじっくり練ったものと、あえて瞬発力でババッと書いたものを2系統用意するようにしています。ダンカンさんの場合はあまりに忙しくて「あえて」そうしていたわけではないんでしょうけどね。

本来、企画は自由なんだ

——この本を読むテレビやYouTubeの放送作家、またはその志望者に向けて激励やアドバイスをお願いします。

そーたに　「何書いてもいいんだよ」と。自然とこれを読んだ人みんなそう思うんじゃないかな。当時番組を観ていた人でさえおそらく「これ、『元気』の企画なの？」「『たけし城』でこれをやろうと思ってたの？」と感じるくらい、企画書がほぼコントになっていたり、エッセイになっていたり、自由ですよね。まったく番組に合わせようとしていない。「撮れるもんなら撮ってみろ」とディレクターに挑んでいるところがある。今のテレビ業界にどっぷりな人ほど「こんなノリで書いたら怒られそう」「どこに行こうとしてるんですか？」と思ってなかなかこういうことをやってみようという勇気が持てないかもしれないですけど……。いや、僕もディレクターに挑むような企画は控えるようになっちゃいましたけどね。だからディレクターなのか局の偉い人なのかわからないけど、もう一回こういう自由でクセのある番組を許容するようになってもらえたら嬉しいですね。どうしたってテレビ局側は「それで数字（視聴率）取れるの？」「なんか担保あるの？」みたいな発想になりがちで、僕らもそれを知っているから「あんまりあさってのことを書いてもなあ」とブレーキをかけているところがある。本当は頭がおかしいと思われるようなこともやりたいんですけどね。この本のダンカンさんのネタを見たらわかると思うんだけど、『元気』って毎週特番とか毎週新番組って言ってたんですよね。実際よくパクられてましたから。伊藤さん、怒ってたし(笑)。

――『元気』や『たけし城』をやっていた昭和と令和では映像をめぐる環境も社会の価値観も違いますが、今むしろ参考にすべきところはどんなところだと思いますか。

そーたに　当時は今みたいに視聴率の分単位・秒単位のグラフなんか会議のときに出てこなかったから「ここで視聴率が落ちた」みたいな結果論的な分析じゃなくて、自分たちで面白いか面白くないか、新しいか新しくないかで企画を決めていたんですね。データに頼らない分、自由度が高かった。グラフありきでテレビを作ると、初回、つまりゼロイチが作れなくなってしまう。設計図や初号機を作る工程が一番ワクワクして楽しいのに。失敗しても、「我々はどこでどう道を誤りこんな珍作を作っちゃったんだろう」が笑えるわけだし(笑)。もちろん、グラフがいい定番企画を続けるほうが視聴者は見やすいに決まっているんです。変テコなことをやると普通は数字が下がりますから。

――それでも新奇なことをやりまくっていたから、企画が当たったときの爆発力も大きかったわけですよね。

そーたに　だから統計やセオリーに囚われすぎずに「本来、テレビの企画って自由度があるものなんだ」と思ってくれる人がどんどん出てきてほしい。今はみんなが手にする既製品が求められる感じになっちゃってますけど、あの頃の伊藤さんとダンカンさんはパリコレの服みたいな「どこで着るんだよ」っていう企画を求めていた。

――昔を懐かしんでこの本を手に取った年長世代には、今の若手に接するときの態度を少し考えてみてもらえるといいのかもしれないですね。

そーたに　あの頃若手だった僕らがどんな変な企画を書いていっても、ダンカンさんや伊藤さんは「くだらねえな」「頭、悪そうだなぁ」「そーたに、平気か?」って笑って受け止めてくれました。最初から発想を萎縮させて企画を撥ねつけていくより、「くだらない」から始まる企画書や会議のほうが、おもしろいものが出てくる気がします。

そーたに……　1964年石川県生まれ。放送作家。大学4年生のとき、『天才・たけしの元気が出るテレビ!!』の「放送作家予備校」から放送作家デビュー。以降、番組の構成を手がけるようになる。『アメトーーク』『マツコ&有吉 かりそめ天国』『ロンドンハーツ』『有吉の壁』『有吉ゼミ』『関ジャム』『ワイドナショー』など、多くの番組に構成として関わっている。

雑誌のコラムも執筆していたダンカン。『月刊カドカワ』『まんがパロ野球ニュース』『宝島』『週刊ベースボール』『monoマガジン』など、多くの連載がありました。

第3章

その他の番組の企画書

構成作家として入っていた『ビートたけしのお笑いウルトラクイズ!!』(日本テレビ系列)、
『ギミア・ぶれいく』(TBS系列)、『たけしのここだけの話』(フジテレビ系列)の
企画案や提出したアイデアです。ダチョウ倶楽部の番組
『王道バラエティ つかみはOK!』(TBS系列)のネタや、近年の企画書もありますね。
他にも『LIVE笑ME!!』(日本テレビ系列)、『北野ファンクラブ』(フジテレビ系列)、
『OH!たけし』(日本テレビ系列)、『ビートたけしの全日本お笑い研究所』
『番組の途中ですが…再びたけしです』(日本テレビ系列)、
『たけしの頭の良くなるテレビ』(TBS系列)、『たけしのダンカン馬鹿野郎!!』(フジテレビ系列)
と、たくさんあって全部は覚えていないなぁ。
『たけし軍団!ヒット&ビート』(テレビ朝日系列)や
『総天然色バラエティー 北野テレビ』(TBS系列)などはコントもたくさん書きました。
『スーパーJOCKEY』(日本テレビ系列)は出演がメインで、
作家としては正式に入ってないけど。「アイデアを欲しい」と言われて、
提出するようなことはありましたね。

(ダンカン)

ブライアント、君は知らないだろうが、
今日本はブライアントブームなんだぜ

((質問1)) Ⓥ ◦金造 ブライアントの家の前 枝付き
金造「日本の皆さん、明けましてお目出とう御座います。私は、今、アトランタにある 日本でも有名な方の家の前に来ております。
では さっそく その方の家を訪ねてみましょう。
◦金造 家の中に入ってゆく
金造「えーと この部屋です この扉をあけると その方が いらっしゃる事になっているんですが では、失礼して イエーイ! ハッピーニューイヤー」

◦部屋の中 暗い

金造「オヤ? 部屋の中、ずいぶん暗いですね。
すみません! どちらにいらっしゃるんですか」

← ブライアント 全身総身タイツで立っている。

金造「あっ、あちらの壁の方に、目だけ光っている人がいますね。あなたは、日本で有名なんですか？」

ブライアント「そうです!!」

金造「本人が言ってますから、よっ程有名なんでしょうが、誰なんでしょうか？ スミマセン日本で好きな食べ物は、何んですか？」

ブライアント「しゃぶしゃぶ!!」

（※この、やり取りは、あくまで離れたまま行い、ブライアントには、「しゃぶしゃぶ」等の短かい言葉しか喋らせない。やり取りは、日本で好きな女優等、あとで、ふあっても良い どうせ編集でつまめば良いのだから）

金造「解りませんね、それでは、あなたの得意のポーズをみせて下さい」

。ブライアント、バッターBOXに入っていて、デットボールを受けて、投手をなぐるジェスチャーをする。

金造「全々解りませんけど、さてここで問題です 日本でも有名な、この方はどなたでしょう」

→ ⓈⓉへ

Ⓥ 正解VTR＋ブライアント日本に向ってアイサツ。

《質問2》Ⓥ。金造、ブライアント、ブライアントの家族 家の前に板付き
。親がブライアントの、赤ン坊や、子供の頃の写真を見せたりする。

金造「そして、この倖せな家族に、もうひとり加わる事になっている、ブライアントさんの婚約者のODさんです」

IVSテレビ制作株式会社

○ブライアントの婚約者登場

金造「という事で この2人は 御夫婦になられるわけですが 夫婦といったら 御主人は 奥様の事を全て知ってなければいけません という事で ブライアント婚約者クイズ――!!」

○一同拍手

○椅子のセットが有る

金造「さて ブライアントさんには こちらに座わって いただきまして これから 私が○○さん あるいは 2人に関する質問を10問出します そして 当然 全て知らなくては いけないのに 3問以上 間違えると恐ろしい事が起きます Stの解答者の方は 婚約者○○さんのリアクションを見て 3問以上間違えたか セーフだったか当てて下さい」

○金造10問出す

例)・彼女の誕生日
・好きな食べ物
・彼女のお父さんの名前
・彼女のクツのサイズ

・彼女へのプロポーズの言葉
・彼女のクセ
・彼女の好きな歌手
・彼女は自分のどこに惚れたか
・趣味
・将来子供は何人欲しいと思っているか
等々

金造「さて全て質問は終わりました。ブライアントさんは見事答えられたのでしょうか」

→ St 解答者答えを出す

Ⓥ 金造「という事で彼女にその判定を下してもらいましょう。間違いが3問以上なら、この赤いロープをそして、2問までならこの青いロープをひいて下さい。それによって天国と地獄が決まります。さあ判定を!!」

。婚約者、一回握ったロープを離し、他のロープを持つ等のリアクションあって

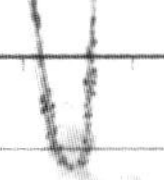

・赤ロープの場合 → 頭上より大量の粉
・青ロープの場合 → 紙吹雪 + ダイヤの指輪プレゼント
※理想としては、粉が良い。

上のハコの仕組み。

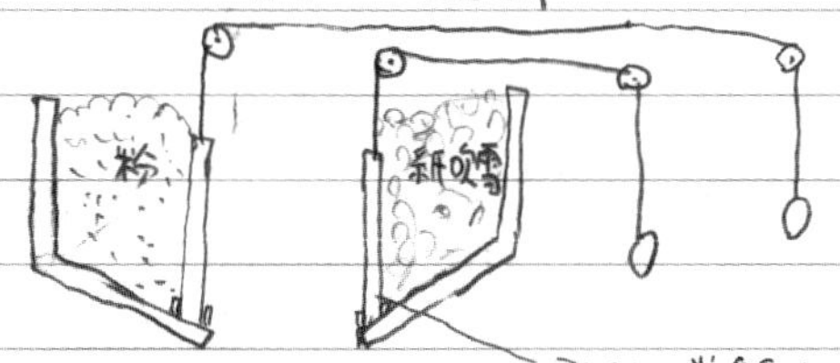

引くと、単純に、ここの板がはずれるもの。

○真白になったブライアントと婚約者 胸にとびこんで来てポーズ + 口づけ

※婚約者、少し離れたところから、ブライアントに向って走ってきて、胸にとびつく。2人ガッシリ抱き合い、口づけをかわす。ずーっと激しくやってるカメラの前に金造顔を出しまとめる。しかし、後ろではまだやってる。

以上。

①「アイドル発言裏付け調査班」

《冒頭シーン》例

VTR（言やいいってもんじゃないんだよの再現シーン）

ダンカン「坂上香織ちゃんのお父さんは、大のプロレス好きで、訪ねて来たファンに技をかけたとか!?」

坂上「そうなんです、父はプロレス大好きなんです」

「そうなんです、父はプロレス大好きなんです」

「そうなんです、父はプロレス大好きなんです」

と坂上発言を3回程くり返す

Ⓝ「この、父はプロレス大好き発言の事実を確認すべく、さっそく裏付け調査班が坂上の故郷長崎へ飛んだのであった」

タイトルVTR

→長崎へ（各回軍団2人づつレポーターで行く）

① 坂上の父の友人にインタビュー（テロップで、坂上さんに技をかけられた仕事仲間○○○さんと出す」

軍「どんな方ですか坂上さんは」

友人「どんな人って、自分をレスラーだと思ってるんじゃないかな私もつい最近コブラツイストかけられたんですよ」

等と、2人くらいインタビューして、どんな人なのか興味をそそる

② 家の玄関前に、ラジカセを持って行き、日テレのスポーツテーマをかけ「青コーナーアイドル坂上香織の父!!」と叫ぶと、玄関より父親登場

③ 実演でいくつかの技を軍団にかけてもらう

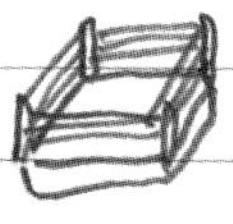

←2畳程のリングを持って行き、その上でやってもらう方法もある!?）

④ 家の中に入り、ダンベルを持ち上げているときいたので持ち上げながら（ギリギリ重くして）全国の香織のファンに応援してくれるよう父からのメッセージ、又は、香織の歌をアカペラで歌ってもらう。
⑤ 普通に、香織の小さい頃の、未発表（親しか知らない事等）の特ダネをきく
⑥ 同時に、香織の小さい頃の変な写真等みせてもらい、その中の1枚をテレフォンカードにして、毎週、視聴者10名にプレゼントする。Jockeyならではのプレゼント。
⑦ 又、スケジュールがあえば、香織と電話で会話もあり。

② 「浅野ゆう子風映像ニュース」

以前、Jockey 2で取り上げた、デビュー当時の浅野ゆう子の下らない、歌のためのトレーニング風景を芸能ニュースとしてやっていたが、あれと同じ様に、わざと昔風の映像と、冷静なナレーションで、デビュー間もないアイドル歌手（又は、尾形大作等も、腹筋しながら歌った事があると言っていたので、その辺も出来るかも知れない）の下らないトレーニング風景をつくり上げる。
その際、レッスンをつける、インチキインストラクターに軍団がなり、わざと変な事をさせたりする。

③『強力キャンペーンバックアップ隊』

毎週軍団が新人アイドルデビュー間もない子をバックアップして色々な形でキャンペーンを盛り上げてあげようという企画

アイドル自信つけさせ計画

アイドルでも最初はデパートの屋上等のショウから始まるのだ。そこで自信をつけさせるべく軍団がしこみのオジサン、オバサン、学生等をそろえ花束を送ったり中には泣き出すオバサンまで用意して盛り上げる。勿論「あなた間奏のところで花束ね」「そこ大声で泣いて」等の軍団が演出をつけている。メーキング部分からカメラをまわす。

アイドルどこでもキャンペーン計画

アイドルはどこでも自分を売り込めねばならない。そしてどんなたとえひとりの人に対してでもキャンペーンしなくてはならない。そして、それは度胸がつき自信へとつながるのだ。

① 電信柱で仕事中の人にトラメガで下からキャンペーン
アイドル「今度8/25日に、○○でデビューした○○です宜しくお願いします。もしよかったら「○○がんばれ！」と叫んで下さい」といって叫ばせる（軍団同行）

② 街角で公衆電話中の人の横にゆき軍団が横にゆき「今度デビューした○○です。がんばれと言って下さい」と電話中なのにせがむ。仕方なくその人が言う。

等々です。

「お互い悪ですな」　会社

① 会社員2人　女の尻を触わる「ムフフお互い悪ですな」

② 会社休みの日に男Ⓐ　会社の金庫から、金を持ち出そうとしている。それを発見した男Ⓑ「○○くん、会社の金をどうしようというんだ」男Ⓐ「しまった、みつかったか！おや、○○さん、その書類は持ち出し禁止のものじゃ？」男Ⓑ「みつかりましたか、実は他社に情報を流してたのはぼくなんですよ」2人「お互い悪ですな」

③ 出前来る。出前持ち「部長さん、カツ丼とザルソバおまちどうさま!!」部長、席を空けているので、2人の社員に「ここにおいておきますので」といって去る。その瞬間、2人で喰ってしまう「お互い悪ですな」

④ 女子社員泣いている。たけし、部長に呼ばれて。部長「実は○○くんは、君に肉体をうばわれたといってきたんだ。しかし、それで泣いているんじゃない。○○くんは、君からお金を持らってないのがくやしいと泣いてるんだ」たけし、女子社員「お互い悪ですな」

「そんなごむたいな」　飲み屋

① 「ごちそう様いくら」店員「38.000円です」「そんなごむたいな」

② たけし入ってくる。店「うち、12時で閉まるですよ」時計12時3分前。「まだ、少しあるじゃない。あつかんと、その煮ものちょうだい」店「本当に12時なんですよ」「わかってるって。」あつかん、つまみ出して食べようとする。時計12時になる。「ハイ、閉まる。又、どうぞ、毎度」食べてないのに下げられる「そんなごむたいな」

③ カウンター たけしの横にいい女「ねえ 一緒にのみませんか 今夜 私におごらせて下さい」女「ねえ 今夜は このオジさんのおごりだって みんなどんどんたのんで」カウンターの他の客 皆んな女の仲間で いきなりガンガン注文する「そんなごむたいな」

④ マスター「北野さんカラオケ唄ってよ 兄弟船」たけし「今日はいいって」尚マスターよいしょして、たけし「そうかい そんなにききてえかい じゃあ唄っちゃおうかな」といった瞬間に他の客「マスター カラオケおねがいね 13の12 兄弟船ね」「そんなごむたいな」

「めっそうもございません」会社

① 部長「最近 社内で転職を考えているものがいるらしいが そんな事は考えず しっかり働くようんどうだ北野くんなんかは 会社やめようと思っとらんか」「めっそうもございません」片手に転職雑誌「デューダ」を持っている

② もたい、たけしのところへ来て「暮の忘年会で カラオケ唄うことになっちゃったのよ にがてなのよ ちょっときいて」もたい唄うが スゴクヘタである たけし 笑う もたい「てめえ 笑ったろ!!」こわい「めっそうもございません」

③ たけし 女子社員に「今夜のみ行かない」と誘うが断られる それをみていた 芹沢「北野くん もしよかったら 僕がお付き合いしようか その後君さえよければ2人で天国へ行かないか」と手を握ってくる「めっそうもございません」

④ もたい たけし 2人で話しているところに 部長入ってくる「あれ 変だな 2人出来てんじゃないの。

もたい、まんざらでもなく、たけしによりそう。たけし力強く
「めっそうもございません」もたい、たけしを思いっきりなぐる。

「このふとどきもの」　ソバ屋
① おきまり。子供、たけしのものをとろうとして「このふと
どきもの」なぐる。
② たけし、食べていると、入って来た客ぶつかり、こぼす。
たけし怒り「この…」と振り返るとヤクザ者。なの
で、ごまかして「ふとどきもの」ととなりの子供
をなぐる。
③ 店員「お客さん注文は」たけし「さっき言ったよ。ミソ
ラーメンだよ」「そうでしたね」少々あり「あれ、お客さ
ん、タンメンでしたっけ」「ミソラーメンだっていったろう」
「スミマセン。出前とごっちゃんなっちゃってて」少々あり、
「はいおまちどう様。シオラーメンですね」とたけしへ
出す。「このふとどきもの」
④ 出前持ち帰ってくる「行ってきました。ダンナ、北野
さんちの前に、車とまってましたよ。あのオヤジ人相悪いから
何かやらかしたんじゃないですかね」たけしへ気付き
「あっ、北野さん、いらしゃい」「この、ふとどきもの!」

「そんなアホな」　飲み屋

① マスター「北野さん、ごのみのいい子が入ったんです。女子大生、19才 レースクイーンもやってたんです」「紹介してよ」「由美ちゃん、ちょっと、こちら北野さんよ」もたい ダラ〜っとくる「女子大生の由美です。宜しくね」「そんな、アホな」

② たけしの客入ってくる 店「ボトル入れます」たけし「何かあんの」店「○○ですけど」たけし「高いんじゃないの」店「いえ、1万円ちょうどです」たけし「一万円、ちょっと高目だけど このくらいの店じゃ、そんなもんだよね。じゃボトル入れて」
店「ハイ、ボトル1本入ります」
本当に小さい ミニチュアボトル出てくる「そんなアホな」

③ たけし、入って来ると、店静か「どうしたの暗いじゃない」店「実は、ヤクザが、こわくて」カウンターのスミに、弱そうなチンピラいる。たけし「あんなもの弱そうだ。オイヤクザ！ がたがたいってんじゃおかねえぞ」トイレから、筋金入りのヤクザ出てくる。「ああ、スッキリした」店「北野さん、こちらですよ…」たけし「そんな、アホな」

④ たけし来る。店「満席なんです」ひとつ席がある。「あいてるじゃない。ここ座れるよ」店「あっそこ さっき気分の悪い人が吐いちゃったんです 椅子の上に」たけし「そんなアホな!!」

「ほなサイナラ」　会社

① もたい「北野さん、私とのこと、キチンとしてくれないなら、皆んなにバラして、会社にいられない様に

してあげるからね。私と結婚して会社にとどまるのと
私と別れて会社まで止めるの、どっちが得か考えて
みてよ」たけし「ほな、サイナラ!」泣き伏すもたい。

② 「この中に、私の200万のロレックスの腕時計を
盗んだ奴がいる。私はまもなく会議で、犯人
さがしをしている時間はないんだ。北野くん、会議
までにあと何分だね」と部長がいう「えーと、あと
5分です」たけしの腕にロレックス。一同気付き
ジーッとみる。たけし、気まずくなり「ほな、サイナラ!!」
一同コケル

③ たけし会社に入ってくる。「おはようございます すみません
遅刻しちゃって」もたい「遅刻って、何時だと思
ってんのよ。退社の5時キッチリに来てどうすんのよ」
たけし「ほな、サイナラ」帰ってゆく。

④ もたい「ねえねえ、うちの部長ってどう思う」たけし、
部長の悪口をドーッという。突然、物カゲに
かくれていた部長出てきて「そうだったのか。あちこちで
私の悪口をきくと思ったので、もたい君を使ってためし
てみたら、やはり君だったのか」たけし、窓から
とびおりる「ほな!サイナラ!」

「なめとんのか」ソバ屋

① たけしの客いる。もたい、子供 相席で来る「エーと天
婦羅ソバ2つ」店「ハイ」たけし「オイ!俺さっきか
ら待ってんだよ。天婦羅ソバまだかよ」店の奥の声
「ハイ、天婦羅ソバ上がったよ」たけし、ハシを割って
待つと、店員「天婦羅ソバお待ちどうさま」ともた
いと子供の前におく。たけし「なめとんのか」
と、子供をなじる。

6

② もたい、子供、たけしと相席してくる。もたい「寒いわねー○○ちゃん何にするの」子供「ウン、さむくて、身体がひえちゃったから、エーと、温しタヌキソバ」たけし「なめとんのか!!」
③ もたい、子供、あいかわらずたけしと相席している
子供、マスクをしている。たけし「オウ、風邪ひいたかボウズ」子供「ううん、オジちゃんのバカがうつらないように!」たけし「なめとんのか!!」
④ たけし「なめとんのか!!」子供、ペロペロキャンディーをなめている。

「もうかりまっか」路上
① 泥棒キョロキョロ歩いてくる。電信柱から降りて来るたけしの泥棒、目が合いたけし「もうかりまっか」
②

2734

ここだけの話テーマ案　ダンカン①

ゲスト案『佐々木信也』

テーマ案『プロ野球・ここだけの話』

- たけしさんが時々、プロ野球のゲスト解説をやり大人気である。又、佐々木信也氏は、日本で初めてといっていいと思う、プロ野球のニュースキャスターというものをつくり上げた　その2人の野球界裏話等をききたい。

- こうすると、プロ野球がより楽しく観戦出来る（たけし流・佐々木流）ドラフト制を変える等

- 解説者等いらないという声が一部にあるが？

- 昔と現代野球の違いとは。

- 西武の管理野球についての意見（例えば、土井コーチの問題に対しての処置はどう考えるか？）

- 思い出に残るプロ野球選手（VTRで街でもきく）

- プロ野球選手私生活の変わり者

- プロ野球選手であんなヒドイ奴はいないと思った者

- 川崎球場を常時満員にさせる作戦はあるのか。

ダンカン②

ゲスト案『谷村新司』

テーマ案『じっくりと語る』

○ 谷村新司には、一種独特な話術があり ついつい話にひき込まれてしまう。勿論、たけしさんも話術は絶品ではあるが、違うタイプの話術の谷村新司とじっくりとトークして欲しい

○ 音楽のきっかけは、女性にもてたい為だったそうですが？

○ 売れる前と売れてから自分の中で変わったものはあるのか。

○ 昔、セイヤング（文化放送の深夜）というラジオで大人気 勿論、たけしもオールナイトニッポンは大好評、ラジオで喋るコツとは？

○ 谷村さんの歌は、人生を歌うモノが多いが実際は、真険に人生を考えているのか。

○ 音楽以外（役者等）への興味は？

○ 今後、どんな老人になって死んでゆきたいと考えているのか？これからの目標。

つかみはOK！　ネタ　　ダンカン①

「ダチョウ食品医学臨床体験白書」

これから大スターになるには、超ハードスケジュールに耐えられる体力をつけなければならない。その為には食べ物は全てエネルギーにしていかなければならない。そこで、自分の体を知るためにも世間で危ないと言われる食べ物を次々に食べてゆくが、同時に、医者がついていて、血糖値や尿酸等をその場で測ってゆく

《食べるモノ》

○フグのキモ…キチンと免許を持っている人が調理するが、以前客を入院させた経験アリ
○カラシレンコン…熊本名物　以前死者も出している
○バカガイ…数年前アオヤギという名で死者を出した貝
○トリカブト料理…トリカブトの毒のない部分を使ったオリジナル料理
○ウナギとウメボシ
○テンプラとスイカ

・フグは、フグ用の免許がいると思うが、それ以外は単にラッシャー板前あたりが、名前だけで料理。例えばアオヤギなんかは「何んかこれくさいなー　これ調理して食べさせて、もしものことがあると私の責任になりますよね、じゃ、このまま刺身ということで生で食べてもらった方がいいですね」と生で食べさせる。VTRの中には、食べ物が出る度に、

イースト

タンカン②

当時、事件のあった時の新聞記事を出し短かいナレーションで事件の悲惨さを見せつける。

・医者は、ひとつの物を食べる度に血液をとったりしたり、ドウコウをペンライトで調べたりする。当然「呼吸数が低下してますね、もしかすると、マヒが始まってるのかも知れませんね」とオドス。

・最後は喰い過ぎで腹痛を起こすというオチ。

イースト

番組タイトル案　　　　ダンカン①

○「Eat of World」

コンビニ企画　　　　ダンカン②

『ファミマ㊙企画室』

何であれファミマの澤田社長ありきなので、

逆手にとり澤田社長がファミマの㊙企画室長

ということにする。

そして、毎週タレントがファミマ企画を社長に直接

プレゼンする!!

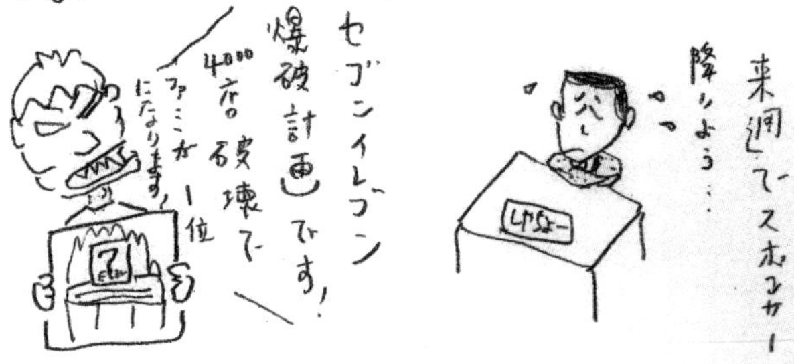

それを、即実行して社長の合否をもらう

例）・東京23区のファミマ全て制覇します！

- あるいは24時間でファミマ100店まわります！
- ファミマ社長弁当を開発して、実際にどこかの店舗で販売し売り切れるか？検証します。
- 日本一美しいファミマバイト美女を探して来ます♡

テラスハウスのコンビニ版？

- あるファミマの店内に24時間入店出来るか実験します。

etc.

ダンカン③

テレビ番組新企画

テレビ界初！実現したら凄い!!

『ガチ遺産相続！』

ここ数年で「終活」や遺書が簡素化されたりと年配の人たちの人生の幕の閉じ方への関心が高まっている。
誰もが自分がこの世を去った後、残された家族が仲良く暮らして欲しいと願うのだが、キチンとした遺言を残しておかないと時には親族同志の骨肉の争いなどということもあるのが現実です。

これは将来そんなトラブルが起こらないようにマジに遺産相続をやってしまうという番組です。

（相続人）

例）

依頼人（79）
長男（44）　妻（42）（13）（8）
長女（41）　夫（42）（6）
次男（37）

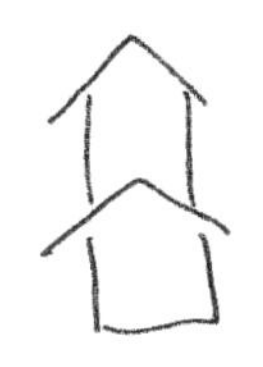

持ち家（都内）

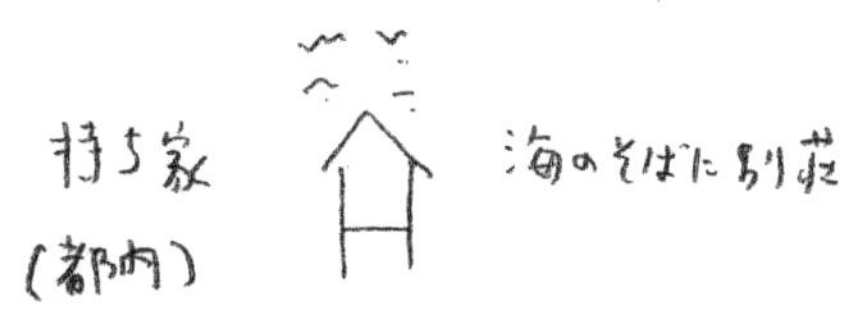

海のそばに別荘

財産
貯金、株など
8千万

と大まかにこんな感じ

ダンカン㊥

○ まず全ての財産を発表

⇓

○ 遺言人の気持 VTR

「財産は兄弟で納得がいくように均等でいいのかなと思うけど この家は私と亡くなった妻で子供を育てたところだから、住んでくれるという者にあげたい！ それから一番気になるのは次男が40近くになってまだミュージシャンでメジャーを目指して結婚もしてないのが…」

○ 長男夫婦の気持 VTR

夫「いや僕としては、僕が作った財産でもないし父が言う通りに…」

妻「何言ってんのあなた！ 長男でしょ！ この家は都内で高く売れるからいただかないと!! それで建物は古いから売って、私の実家が土地は用意してくれるって父が言ってるから建物代にして私の実家の小手指に住みましょうよ！ 母も年齢いってるし ちょくちょく行けるし、そーなると助かるわ。」

夫「でも、家は住むという条件を父が…」

など

○ 長女夫婦の気持 VTR

長女「兄さんは大学の時からこの家出ていって、全て父のことも私まかせだったんです。今だに私たちが近くのマンションに住んで週2回は様子を見に来てるんですから」

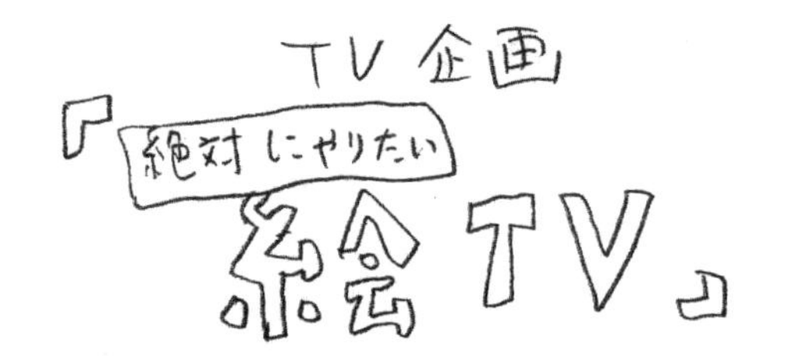

ダンカン①

東京都の小池知事の発言した「アウフヘーベン」や「ホイッスル・ブロウー」は極端にせよ現代社会は言葉の洪水で氾濫寸前…

大古の時代には言葉なんて（おそらく）なかった？

（鳥）　（川）　などの絵でコミニュケーションをとっていたと思われる。

情報量に埋もれ逆に言葉や文字に翻弄されその結果コミニュケーションが希薄になったり、虚絶して引きこもったりしているのだ。

そこで人間の特権でもあるコミュニケーションをとり戻すべく原点に立ち帰り『絵』だけの番組を製作する。

《番組内容》 ◦本日の目的は

動物と一緒に入れる温泉に行く

（画面に文字は一切なし）

ダジカン②

○

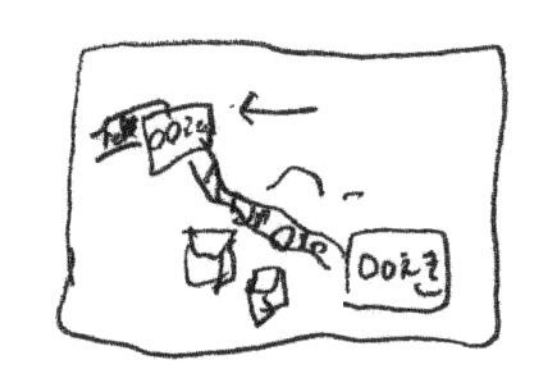

絵で駅でキップを買う

(今時買わないか?)

☆ 挨拶の「こんにちは」
「さようなら」
「ありがとう」
や驚きの声、笑い声、泣き声は使っていいルール
但し、会話は一切ダメ!!

○

駅前でまずは腹ごしらえと

←こんな絵を見せると

⇓

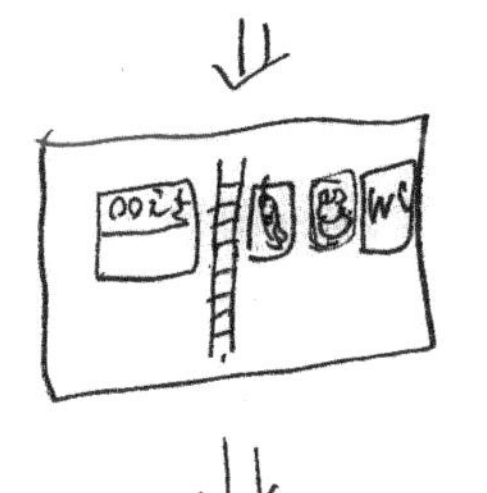

地元の人に「トイレは
踏み切りを渡りペットショップの
隣り」と描かれた絵を渡される

⇓

くびを振る

こーして、相手も絵で答えて旅を続ける。

◎ぺんてるとかスポンサーにつかないかなあ…。

TV 企画　　　　ダンカン①

「昭和 その日のテレビ」

まず のりしろとして…… いくつかの ルーレットがあります。

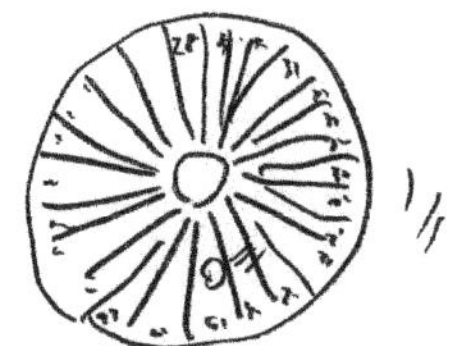

⇒ これで昭和何年か決定！

TV放送が はじまった年
から昭和64年（といっても1月数日）
のルーレット

テレビにしぼらずに
日常のことにしてみると…？
→新聞　変な事件、一日に

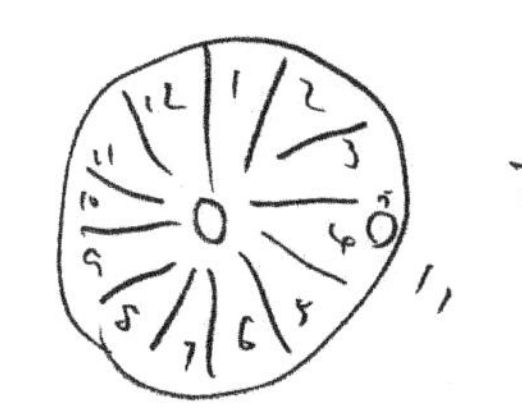

⇒ 何月か決定！

たけし軍団のカツラさん
ダンカンさんのなこうど

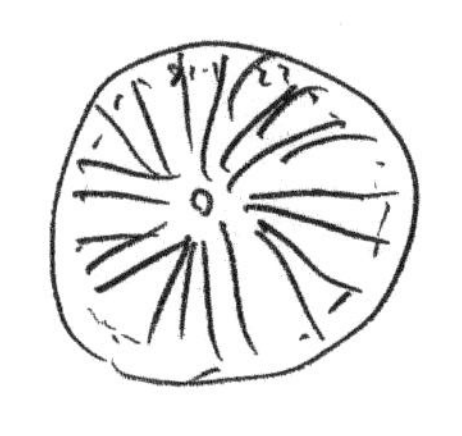

⇒ 何日か決定！

電車、映画館で
タバコすえた

Vをださずにいかに視聴者の
興味をひけるか。

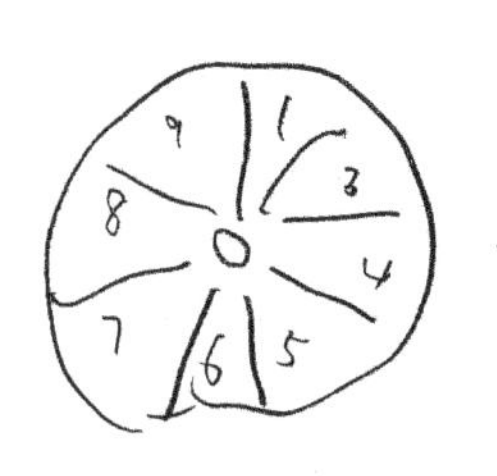

⇒ テレビ局を決定！

⇓ で……

ダレカニ ②

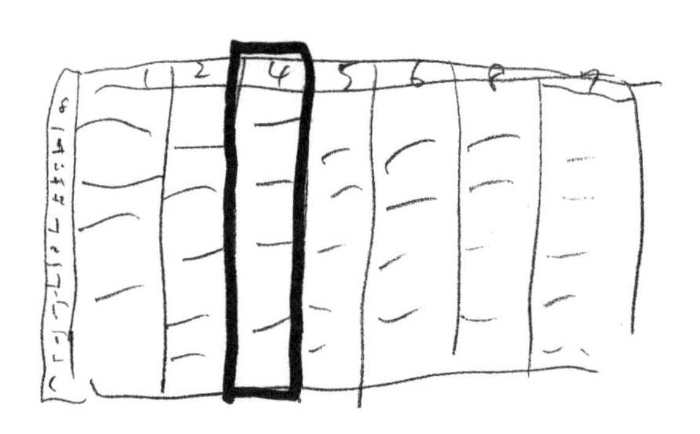

その日の
テレビのラテらんに合わせる

例えば昭和45年1月10日の日本テレビと決定!!
↳万博があった

その日の番組を朝から振り返る。

○ 制作にたずさわっていた人の裏話

○ 映像が使えないから若手芸人の再現VTRでこんな番組だった…ようなことをつくる

○ 有名なドラマがあったらその撮影場所は今でも変わってないか?訪ねる

○ OP 3分クッキングを3分でつくれるかチャレンジ!?

○ その日に生まれた人の人生はどうなったか紹介(?)
(ゲストとして呼ぶ)

などなど その1日にこだわるTV.

～TVじゃないと出来ないコト～

ダンカン①

『御好意or特別の許可をとって…』

YouTubeには出来ねーだろー

水色と黄色は
人を幸せに
する色？

YouTubeは規制がゆるいなどの利点があるので若者に人気があります。

最近ではTV側がYouTubeを見ている人々にコビる分のようにユーチューバーを出演者に起用する番組まで出て来ています。

でも、それって結局ユーチューバーもTV側に来たらYouTubeと同じ事は出来ない規制の中の人になってしまうのだから「ユーチューバーなの？」とまあ、そんなことはどーでもいいことで…

テレビには出来るけどYouTubeでは出来ないこと…
それはよく番組に登場する「お店のご好意により特別に撮影しています」や「特別の許可をいただき今回お見せできます」だと思うのです。

テレビだから「まあ、特別ですよ！」と思わせるモノはかなり目にします。

それを逆手（？）にとって、テレビだとどこまでご好意や許可を下さるのだろうか？

テビなら特別
偽造パスポート
作成みせます
顔出しも
OKかな

②

○一流レストランどこまで無茶な注文に応えてくれるか？

→広東料理店で天津料理の味付けの料理が食べたい。

○名古屋城のシャチホコに衣（ころも）を付けて（被せて）名古屋名物のエビフライにして名古屋の食を大々的にPRしたい →川村名古屋市長は許可してくれるのか？

○ドローンで箱根駅伝をしたい

大学対抗

タスキ

スフィンクス 昔は鼻あり

またいでいた

水道橋博士の証言

ネタ出しにおいてはたけし軍団の司令塔であり
若手を育てる鬼軍曹

——博士は80年代にはダンカンさんの付き人をされて、放送作家としても一緒に『元気が出るテレビ』や『風雲！たけし城』など数々のテレビ番組の会議に参加されていたとのことで、その視点から「放送作家ダンカン」について語っていただきたいと思います。そもそもたけし軍団の中でコントを書く人間としてダンカンさんが重用されるようになっていったのはどういう経緯ですか？

水道橋博士　ダンカンさんはもともと落語家志望で、立川談志師匠に弟子入りした「立川談かん」だったんだけれども、談志師匠から「お前はたけしのところに行け」と言われて送られてきた弟子ですよね。殿も最初は「ふんころがし」なんて名前を付けたくらいで、言ってみれば適当な扱いでした。ネタを書ける人間なのかどうかも、当然わからなかった。ただ軍団で「どういうコントやる？」となったときにダンカンさんがバンバン口を挟んで「こういうのです」という絵を描けるから、殿に「お前、書けるな」と認められて、振られるようになっていった。

——軍団のみなさんはネタ出しやコント台本の執筆、企画書にまとめる仕事はしていなかった？

水道橋博士　いや、『元気』の中の「たけしメモ」コーナーのアイデア出しは軍団全員でやってましたよ。ただ、テリーさんが仕切る番組の打ち合わせにいるのはダンカンさんとその付き人のボクだけだから。殿が当時担当していた木曜日の『オールナイトニッポン』（ニッポン放送／1981年～1990年放送）の前に「たけしメモ」の打ち合わせをやるんだけど、そこにダンカンさん、テリー（伊藤）さんは必ずいました。だからダンカンさんのもとに（ガダルカナル）タカさんや（つまみ）枝豆さん、ラッシャー

（木村）さんをはじめとするたけし軍団の1軍も、そうじゃない若手も全員の原稿を集めて「たけしメモ」のネタ出しをしていた。ようはたけしさんの下に一枚岩で番組作りに全員で参加してたってことだよね。ダンカンさんは中心塔でクオーターバックではあったけど、軍団みんなで考えてその中でどれを採用しよう、みたいなことをやっていた。ボクは新弟子だから必死でコツを盗もうと思って、その紙を全部集めてた。今でもそのネタ帳は持っていますね。で、若手は字の書けないような連中からボクみたいなやつまでみんなダンカンさんという鬼軍曹がビシビシ鍛えた。俺もダンカンさんから「1000本ノックだよ。1日に1000本企画書いてこい」って言われて、書けないなりに寝ないで書いて毎日30本ぐらいは持っていってたからね。そうすると「ああ、お前は30本書いたんだな、良し」って努力を見てくれる人だった。言ってみればたけし軍団の中に「ダンカン塾」があったんですよ。

横書きでパッと見て絵が浮かぶ企画書の
フォーマット自体が発明だった

――ダンカンさんの企画書は博士から見てどういうところがすごいと思いますか？

水道橋博士　そもそも『元気が出るテレビ』のときにテリーさんとダンカンさんが「縦書きで文学部の人間がつらつら書いてくるような文章はテレビの企画書じゃない」って共鳴をして、「横書きで書いてあってパッと見て何をやるのか絵で浮かぶものじゃなきゃダメだ」という仕様みたいなものを作ったことですよ。「テレビの企画書は老若男女がわかるひらがなで書け」とテリーさんは言ってて、たしかに『元気』に参加していた年長世代の放送作家の企画よりも断然ルックスが良くて、パッと見で読みやすかった。だからテリーさんが自分の手駒にするべく集めた、放送作家予備校出身でテリーさんが経営する事務所「たこ八商店」（のちのロコモーション）所属の若い作家は、みんなダンカンさんの企画書の書き方をマネしていた。あの丸い字からしてそーたにさんや都築浩さん、田中直人さん……のちに有名になる作家連中にマネされていたくらいだから、ものすごい影響力ですよ。

当時、ダンカンさんは兄貴分としてそういう駆け出しのカネがない作家たちを飲みに連れてってやってもいて、もうリーダー中のリーダー。ダンカンさんは面倒見がめっちゃいいわけ。軍団の人でも若手とずっと一緒にいられるのはダンカンさんだけ。タカさんなんかがときどき付き人を置いてたけど、ずっと一緒でも多人数でも平気だったのはダンカンさん以外一人もいない。だって、ダンカンさんは新婚のときに新弟子と奥さんを24時間一緒に住まわせていたくらいだからね。まあ、ボクもそのひとりなんだけど。しかも、とにかく寝ない。いつ会っても血眼なの。そこにボクは24時間体制で付いていた。ダンカンさんの寝かしつけと朝の起こし役でもあったから。当時、ボクが日本で一番寝ていない自信があったね。

——話を戻しますが、ダンカンさんの企画書は、このフォーマット自体が発明だったと。

水道橋博士　そう。ダンカンさんは一種のギャグマンガ家なの。何か「おもしろい」と思ったらそれが絵に浮かんで、そのアイデアをぱぱっと字だけじゃなくてマンガとしてメモしている。それはもう朝から晩までね。手帳に描いてあるメモの量、すごかったもの。ボクはおもしろさを文字で説明する人間だけど、ダンカンさんは全部絵で見えてる。殿も映画を撮っているくらいだから発想が絵で浮かぶ人。場面場面のアイデアがポンポンとあって「こうやったらおもしろいじゃん」と見えるタイプ。文字で物語を順番に埋めていくような人ではない。だからダンカンさんや殿を見て「天才ってこういう人たちなんだな」と思ってボクは見ていた。しかもボクはめちゃくちゃ推敲する人間だけど、ダンカンさんは一筆書き。そこがもう、圧倒的にすごかった。横で見ていて「1本の小説を1回も直さずに書ける人っているんだ！」と思って本当に驚いた。この人どういう頭ん中してるんだろう？ って。

当時「いしいひさいちのマンガを読め」ってボクにも言っていたし、自分でもずっと読んでましたね。「4コマはこういうふうにできてる。コントも同じだ」と。だけどボクもいしいひさいちの4コマをずいぶん読んだけど、やっぱりあれだけのコントは書けなかった。しかもあの当時のダンカンさんの書いている量たるやものすごいのよ。その当時のダンカンさんがやってた番組の本数を考えたらそれはもう、本当に寝る暇なんかないですよ。『たけし城』『元気が出るテレビ』『ビートたけしのお笑いウルトラクイズ!!』（日本テレビ系列／1989年～1996年放送の特別番組）、『ビートたけしの全日本お笑い研究所』（日本テレビ系列／1988年放送）、『OH!たけし』（日本テレビ系列／1985年～1986年放送）、『北野ファンクラブ』（フジテレビ系列／1991年～1996年放送）……。だけど息を吐くかのように無限にネタを書いていくわけ。『OH!たけし』をはじめ、その頃のたけしさんのコント、ほとんどダンカンさんが書いていたもの。俺が「書け」と言われてもあの量は到底書けない。もちろん他の放送作家の人もコントを書いていたけど、収録現場には来ないわけ。だからその場で殿がコント台本を見て「おもしろくねぇな。全然ダメ」ってなるとダンカンさんが「ここをこうやって、こうやればどうですか？」って殿に耳打ちして「ああ、そうだな」「じゃあ、これはどうだ」って殿も次々アイデア出して。それはすごいよね。だって殿に意見を言って、その場で即興でコントのオチをちゃんと付けられるわけだから。かつ、ダンカンさんの場合は『元気』や『たけし城』では出演者でもあったからね。

——普通だったら忙しすぎてどこかで壊れそうですね。

水道橋博士　ガマン強いよね。ダンカンさんの何がすごいって、あのスケジュールで草野球100試合やって、阪神のペナントレースを今も年間130試合見て全部自分でスコアを付けてんだよ。好きなものに対してはそういう執着というか執念みたいなものもある。

放送作家の後輩に対する影響

——ダンカンさんの字からして後輩の放送作家たちにマネされたという話がありましたが、他にも業界に及ぼした影響はありますか？

水道橋博士　ダンカンさんのその物量を見てたからだと思うけど、そーたにさんはもう死ぬほど書いてたし、都築さんもよく書いてた。量を書くだけじゃなくて、『ASAYAN』（テレビ東京系列／1995年～2002年放送）のチーフディレクターになる高須信行監督と脚本のそーたにが黒澤明と橋本忍みたいな関係になって、綿密に打ち合わせして、絵コンテも描いて……そんなにやるのかよっていうぐらい細かく書いていたし、田中直人さんのナレーション原稿もすごかった。

——「放送作家はこのくらい、ここまでやるんだ」と後輩に示したと。

水道橋博士　当時の放送作家ってだいたい大御所になると、弟子の若手に書かせて自分で企画書を書かなかったんですよ。しかもテレビ番組10本ぐらい掛け持ちする大御所作家って会議にも手帳をぽんと置いて本人はいないのに「出てる」みたいになっていた。それで若手も出世したら作家の事務所を作って師匠になっていく、みたいなシステム。
――演出家サイドからすると、ちょっとやりにくそうですね。
水道橋博士　そもそもテリーさんがたこ八商店を作った理由は、そういうのに嫌気が差したんだと思う。だから放送作家予備校を作って応募させて、そこに来た人たちをスタッフに入れて毎週とにかく企画を提出させてた。
――ダンカンさんはたけしさんが送り込んだ作家ですけど、放送作家の師匠がいるわけでもないのに、おもしろい企画を大量に書くし、若手の面倒見もいい。かといって自分がボス作家として徒党を組んで振る舞うわけでもないと。同業者以外のテレビ業界のスタッフからの信頼も厚かったのですか？
水道橋博士　もちろん。たとえばテレビ制作会社のイーストでは、吉田（宏）さんというプロデューサーがたけしさんの担当で『OH!たけし』とか『北野ファンクラブ』をやっていたんだけど、ダンカンさんを一番頼りにしてたからね。「ダンちゃん、お願いするよ」って。吉田さんはたけしさんの大ファンすぎて、ちゃんとしゃべれないから、ダンカンさんを通してコミュニケーションを取ってたくらいですよ。

とにかくおもしろいものが好き

――ダンカンさんの付き人時代で印象的なエピソードはありますか？
水道橋博士　ダンカンさんが『元気』でマイケル・ジャクソンの「BAD」を踊らなきゃいけなくなったことがあったんだけど、ダンカンさんは踊りがヘタなの。これが。ボクも苦手なんだけど、ダンカンさんは死ぬほど練習するわけ。で、その頃ボクは自主的に毎日ダンカンさんとの勝敗表を付けてたの。ダンスに限らず、とにかく何かでダンカンさんが俺に対して負けを認めてくれたらマルを付ける、と。ダンカンさんはとにかくおもしろいことが好きな人だから、軍団の若手と居酒屋で待ち合わせするときには「なんか変な格好してこいよ」みたいに言って集合かけてたんだけど、そんとき一番評価が高かったのは佐竹チョイナチョイナが剣道の防具を上から下まで一式全部着て待ってたことだったの。それまでは変装っていってもみんなちょっとしたもんしかやってこなかったから、顔が見えない防具姿で現れたチョイナは圧倒的にすごかった！　ボクは「BAD」の企画が終わってもマイケルのド派手な衣装を普段着にして、何日もずっと脱がなかったの。そしてそのまま『たけし城』の打ち合わせに行ったら「ダンちゃん、やめなよ。悪趣味だよ」ってダンカンさんが言われて、「違うんだよ。これ、水道橋が勝手にやってんだよ」って。それでその日ついに勝敗表にマルを付けることができた。今日は俺、ダンカンさんに勝ったぞ、とね。逆に言うとそれくらいしないと勝てないと思っていた存在だった。

ただひたすらにナンセンス

——ダンカンさんの作風、発想のしかたの特徴は？

水道橋博士　たとえば『元気が出るテレビ』のナンセンスな感じは、ダンカンさんの貢献度が高いと思う。もちろん総合演出家であるテリーさんのセンスもあるけどね。ボクなんかだともっと社会批評やパロディみたいな要素を入れちゃって、時事ネタで諷刺をやりたがったりするから、そういうものは時に軋轢も生んでしまうけど、ダンカンさんの企画は、めっちゃナンセンス。ほぼくだらないものしかない。だからダンカンさんの企画やエッセイが大きな問題になったことなんかないじゃない。言ってみれば東海林さだおみたいなおもしろさ。俺はエッセイを書いても何かのパロディであったり、漢字ぎっしりで書いていくイメージだけど、ダンカンさんはこの丸い文字でひらがなで書いているような感じ。丸い文字で書かれている内容は批評にはならないんですよ。いかにバカかということだけを追求しているものだから。それが『元気』の頃のテリーさんと合っていたんだろうね。テリーさんの会議は「集合知」じゃないのよ。独断。テリーさんが気に入るものが良い企画。テリーさんはたこ八商店の面々に対しても、たとえば一橋大学の学生で筒井康隆を全部読んでるっていうやつが書いてきた映像不可能なSFネタに対しても「天才だな、お前は」なんて独特の基準でかわいがっていた。みんなのいい意見を取り入れて中庸なものを作っていっても、おもしろいテレビ番組は絶対できない。ぶっ飛んだもの、くだらなすぎるもの、あさっての方向の企画をおもしろがるテリーさんがいて、そういうものを次々放つダンカンさんがいて、それで成り立っていたってことだろうね。

水道橋博士（すいどうばしはかせ）……1962年岡山県生まれ。芸人。ビートたけしに憧れて上京し、弟子入り後、1987年に玉袋筋太郎とお笑いコンビ「浅草キッド」を結成。主な著書に『藝人春秋』『藝人春秋2 ハカセより愛をこめて』『藝人春秋3 死ぬのは奴らだ』（文春文庫）などがある。日本最大級のメールマガジン『水道橋博士のメルマ旬報』の編集長も務める。

芸能界バカ株式市況　ハカセ

① 賢い芸能界売れ筋経済アナリスト「北野総研」所長に就任し、芸能界の市況を分析・予測する。
② 羽賀研二や、坂本一生などを見るまでもなく最近の芸能界は事件やスキャンダルのバカぶりが"売れる"要素である。
③ そこで、市場調査員の軍団はワイドショーのレポーター風に現場を取材。当人、当時者へのインタビューなどを行う。

"長年の芸歴を誇るタレントは"
過去の映像はあまり見たくないものだが…
タレントの失敗した番組名をルーレット割りし、ボタンのストップ・ストップ。で強制的に見させられる。
・さらに、もうワンパターンのルーレットには、マイナー…
当たらなかった番組だけを並べて、
なぜ、当たらなかったか言い訳をしてもらう
ハカセ

OFFICE KITANO INC.　枝豆　No.　Date

…へあまり有名じゃないコメディアン大集合
毎回、世界各国から、コメディアンを呼び その芸を見せてもらい（VTRでも）それを我々もやって見る。そしてその国のお笑いについて考える。国は出来ればマイナーな国なんかが良いと思う。

それぞれの過去　未来
① 人物や、物の過去、未来を調べる（基本的に）
・ある人物の女性遍歴を調べ その女性たちを見つけ出し順を追って紹介 その人の好みや今付き合っている人の事を話してもらう。悪口、別れた訳など。
・今使っている自分の物が 今までどういう形で誰が使っていたのか また この先はどうなるのか。どうなったか
例えば車（中古）買ったら品（アンティーク）とか
今持っている1万円札はどこに行くなど。
今持っている1万円札はどこに行ってしまったか
・昔よく見かけた物は今はどこに行った…

A. 豚に真珠 ― 本当に…すれば… いつから言われ出し… 現在の言葉に直を変えると
3. 夜中に爪を切ると親の死に目に逢えない { 本当に逢えなかった人は居るのか。いつから言われ、誰が言ったか。
「おまえは、黙っていれば、いつまでも寝てる」とよく言う…
・人間は、放っておくと、何時間寝ていられるか 何人かの人間で確かめる。
・逆に、人間は、どの位起き続けられるか。どうしたら、そう出来るか。いちばんベストは、何時間位か など
○ 人体の不思議

たけし軍団が手がける企画書にも大きな影響を与えたダンカン。写真は水道橋博士、つまみ枝豆の手書きの企画書。

第4章

ダンカンのメモ帳

これらは説明不要のメモ帳、ネタ帳、漫才ノート、手帳などです。
僕は常にネタ帳を持っていて、思いついたら走り書きして、
企画書を書くときの元にしています。つまりこれらはテレビの企画書の前の状態です。
説明があったほうがいいノートとして
「『ビートたけしのオールナイトニッポン』のハガキランキング」(P252)があります。
番組でハガキを読まれた人のポイント一覧です。
選ぶのはスタッフも含めて軍団でやってましたが、僕が記録をつけてました。
あと2002年のドラマ『浅草キッドの「浅草キッド」』台本(P253)。
(水道橋)博士主演で、僕が脚本を書きました。
あと僕がずっとつけている「阪神のスコアブック」(P254)。
ラジオを聴きながら、リアルタイムでつけていきます。
ドラマのリハーサル中でも、スタジオの片隅で生中継を聴きながら
スコアを書いてました。あとナレーションをしたゲーム『ぼくのなつやすみ』(P256)。
作品にはならなかったけど、シナリオを丸々1本書きました。
(ダンカン)

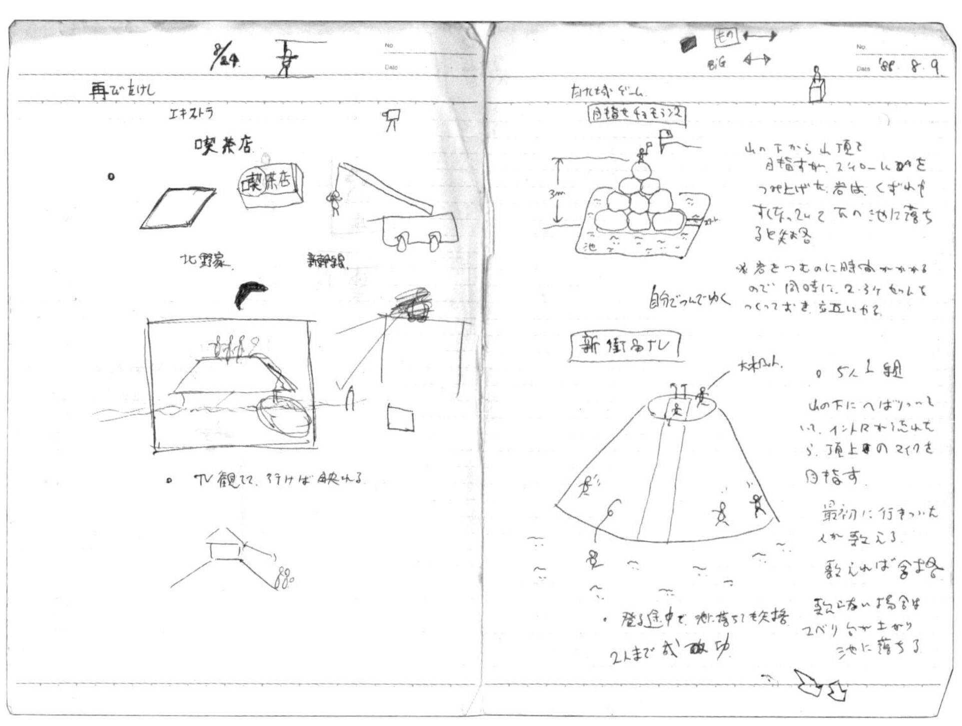

8/24
再び走けし
エキストラ
喫茶店
喫茶店
北野家
新幹線
TV観てて、タケは映れる
もの
BIG
'88. 8. 9
たけしゲーム
目指せチョモランマ
3m
池
山の下から山頂を目指すが、スチロール製の岩をつみ上げた岩は、くずれやすくなっていて下の池に落ちると失格
※岩をつむのに時間がかかるので同時に2・3ケセットしてつくっておき、交互にやる。
自分でつんでゆく
大木さん
○5人1組
山の下にへばりついていて、イントロが流れたら、頂上のマイクを目指す
最初に行きついた人が歌える
歌えれば合格
歌えない場合はスベリ台が上がり池に落ちる
・登る途中で池に落ちても失格
2人まで成功

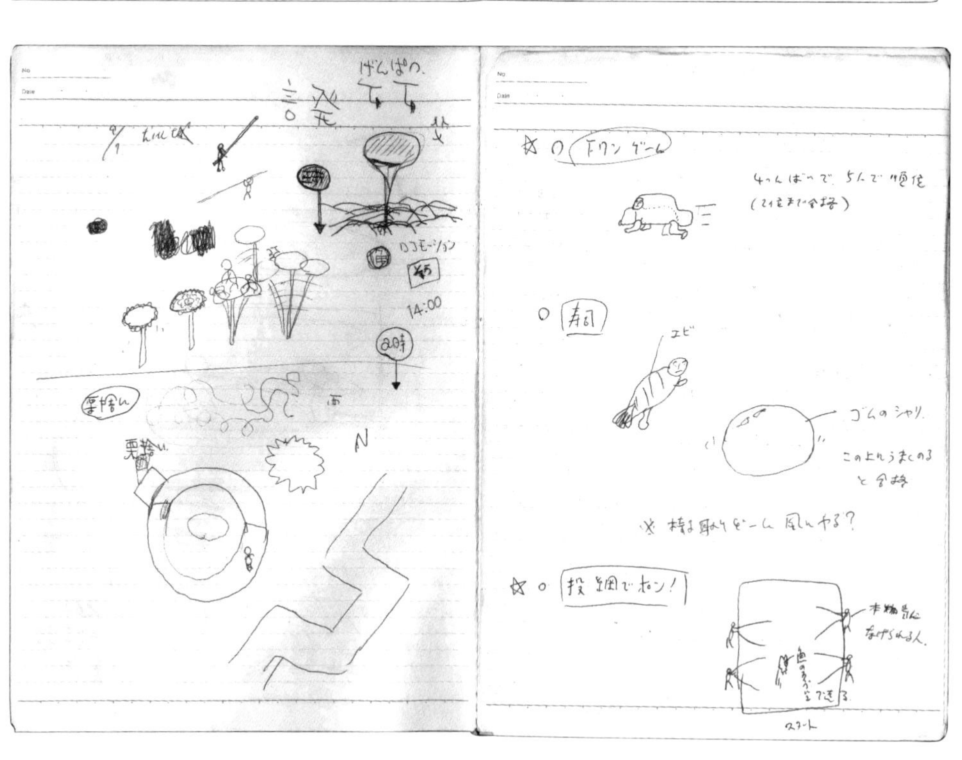

げんばの
DJモーション
14:00
2時
栗拾い
栗拾い
N
☆○
4つんばいで5人で順位
(2位まで合格)
○寿司
エビ
ゴムのシャリ
この上にうまくのると合格
※椅子取りゲーム風にやる?
☆○投網でポン!
本物さん
なげられる人
スタート

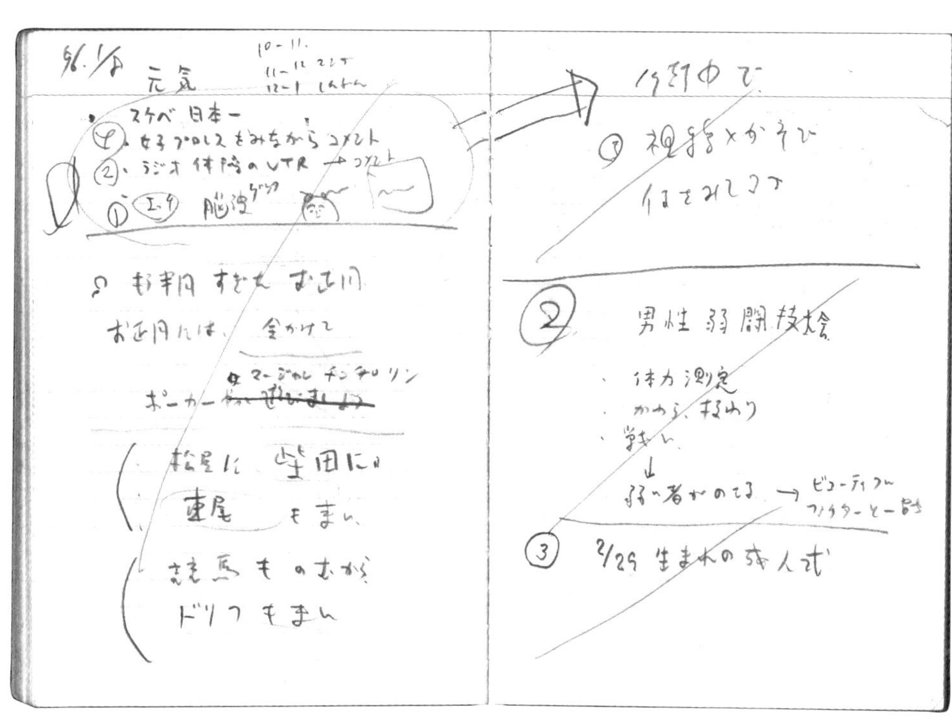

元気
スケベ日本一
女子プロレスをみながらコメント
ラジオ体験のVTR → コメント
脳波グラフ
マージャン チンチロリン
ポーカー
ドリフもまね
体力測定
2/29生まれの成人式

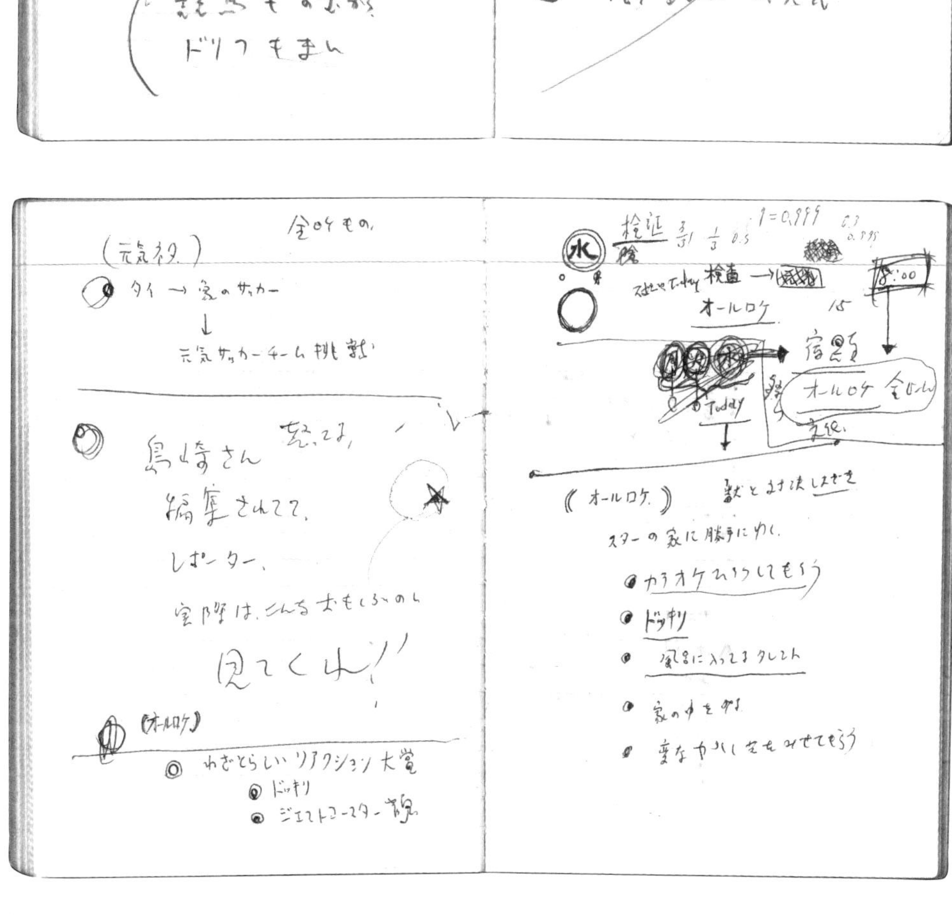

(元気ネタ)
タイ → 家のサッカー
元気サッカーチーム挑戦
鳥崎さん 怒ってる
編集されてて、
レポーター、
見てくれ!!
(オールロケ)
わざとらしいリアクション大賞
ドッキリ
オールロケ
宿題
Today
《オールロケ》
スターの家に勝手にゆく
ドッキリ
家の中をみる

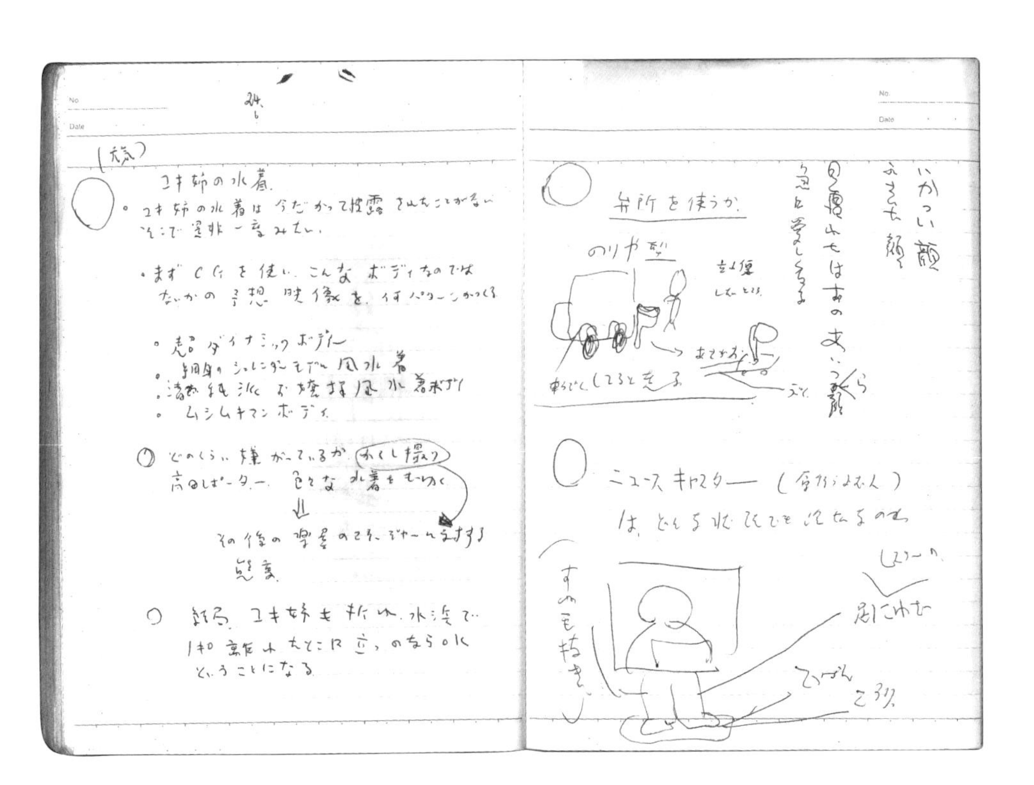
ユキ姉の水着
・ユキ姉の水着は今だかつて披露されたことがない
そこで是非一度みたい
・まずCGを使い、こんなボディなのではないかの予想映像を、4パターンつくる
・超ダイナミックボディ
・細身のシュレンダーモデル風水着
・清純派な体操着風水着ボディ
・ムシムキマンボディ
かくし撮り
結局、ユキ姉も折れ、水着で
ということになる
弁所を使うか
ニュースキャスター
いかつい顔

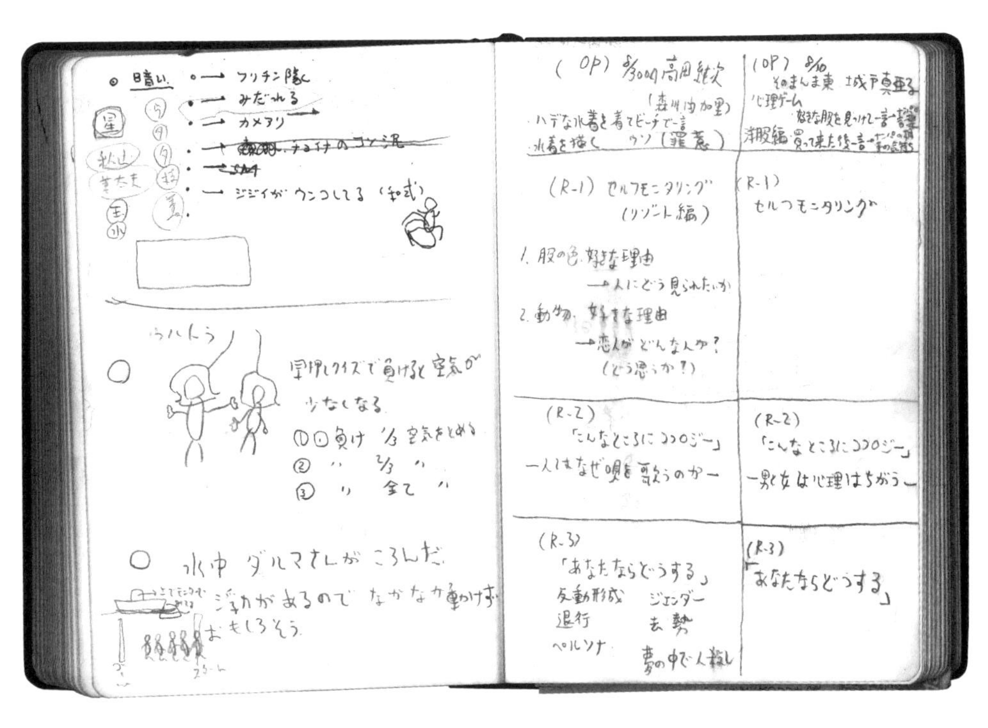
・→ フリチン隠し
・→ みだれる
・→ カメアリ
・→ ジジイがウンコしてる（和式）
早押しクイズで負けると空気が
少なくなる
① 1負け 1/3 空気をとめる
② 〃 2/3 〃
③ 〃 全て 〃
水中ダルマさんがころんだ
浮力があるので なかなか動けず
おもしろそう
（OP）
ハデな水着を着てビーチで一言
（OP）
そのまんま東 城戸真亜子
心理ゲーム
（R-1）セルフモニタリング
（リゾート編）
1. 服の色 好きな理由
→人にどう見られたいか
2. 動物 好きな理由
→恋人がどんな人か？
（どう思うか？）
（R-1）
セルフモニタリング
（R-2）
「こんなところにココロジー」
―人はなぜ唄を歌うのか―
（R-2）
「こんなところにココロジー」
―男と女は心理はちがう―
（R-3）
「あなたならどうする」
反動形成 ジェンダー
退行 去勢
ペルソナ
夢の中で人殺し
（R-3）
「あなたならどうする」

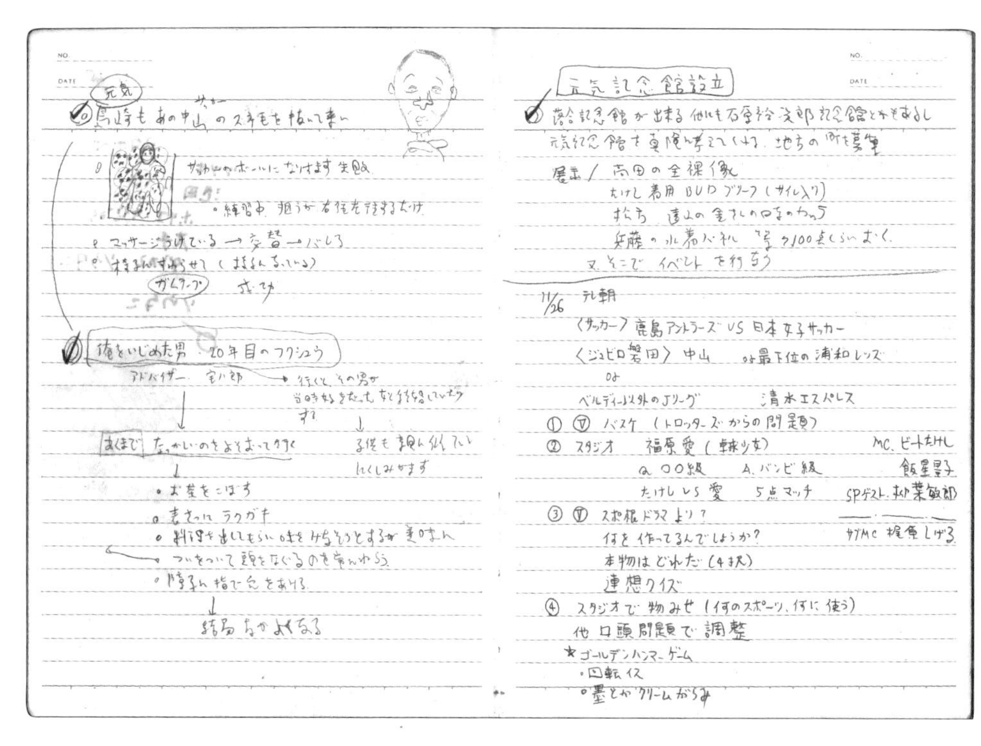

元気
俺をいじめた男 20年目のフクシュウ
お茶をこぼす
結局なかよくなる
元気記念館設立
展示/ 高田の全裸像
たけし着用BVDブリーフ(サイン入り)
又そこでイベントを行う
11/26 テレ朝
〈サッカー〉鹿島アントラーズ VS 日本女子サッカー
〈ジュビロ磐田〉中山
or 最下位の浦和レッズ
or
ベルディー以外のJリーグ
清水エスパルス
① Ⓥ バスケ (トロッターズからの問題)
② スタジオ 福原愛(卓球少女)
MC. ビートたけし
飯星景子
たけし VS 愛 5点マッチ
③ Ⓥ スポ根ドラマより?
何を作ってるんでしょうか?
本物はどれだ(4択)
連想クイズ
④ スタジオで物みせ (何のスポーツ、何に使う)
他 口頭問題で調整
★ゴールデンハンマーゲーム
回転イス
墨とかクリームがらみ

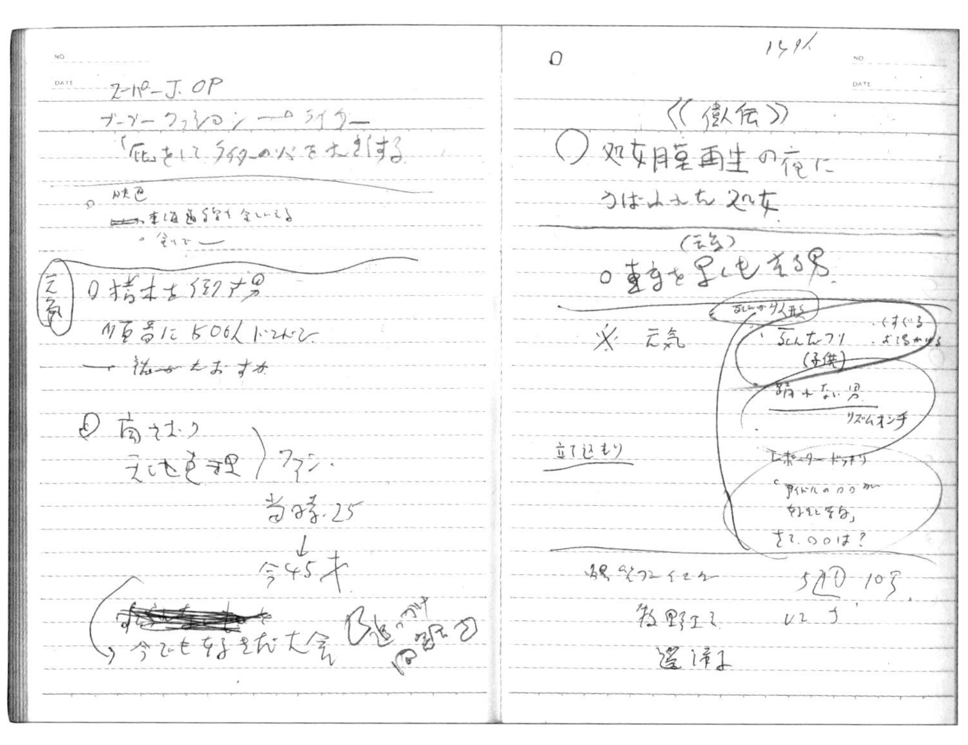

スーパーJ. OP
当時25
今45才
《偉人伝》
元気
(子供)
リズムオンチ
立てこもり

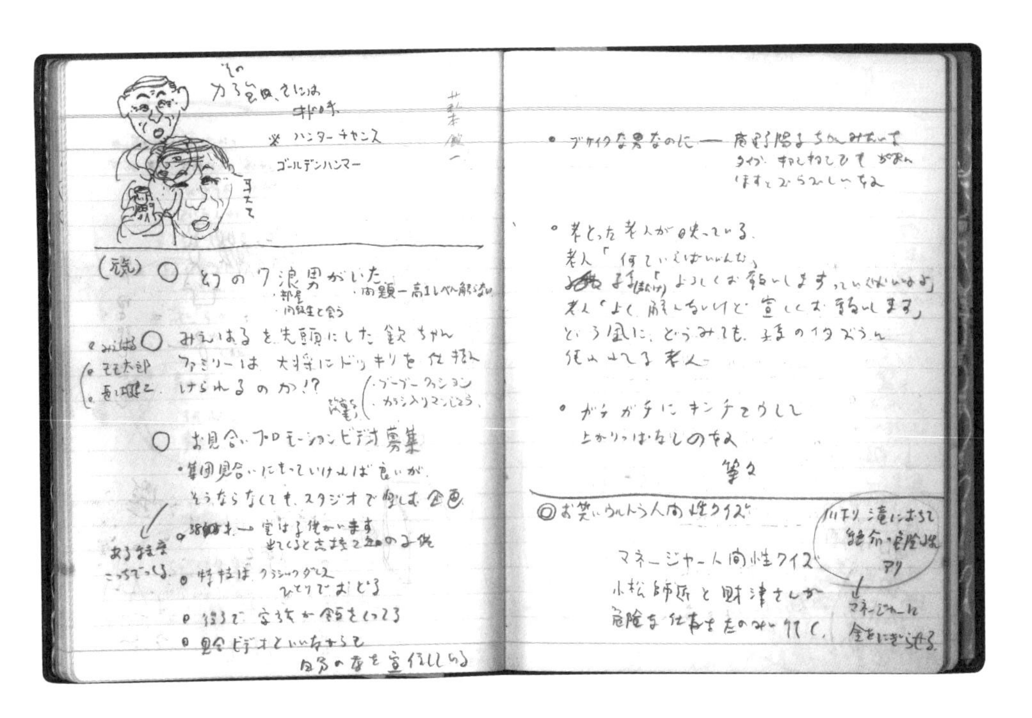

ハンターチャンス
ゴールデンハンマー
幻の7浪男がいた
お見合いプロモーションビデオ募集
マネージャー人間性クイズ
小松師匠と財津さんが

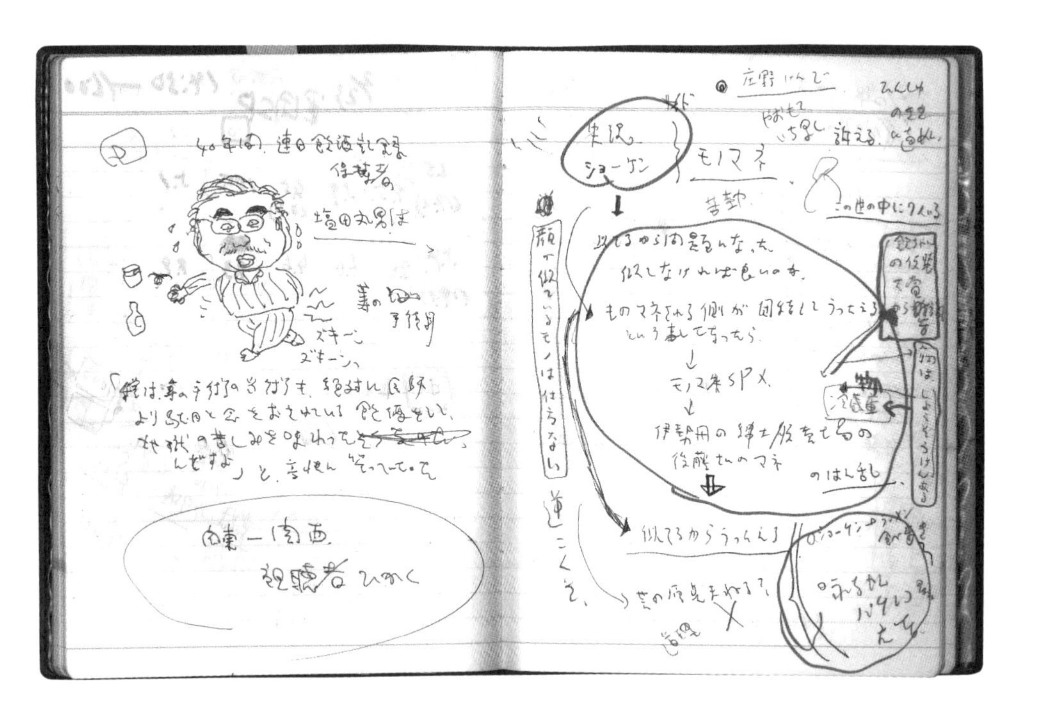

塩田丸男は
ショーケン
モノマネ

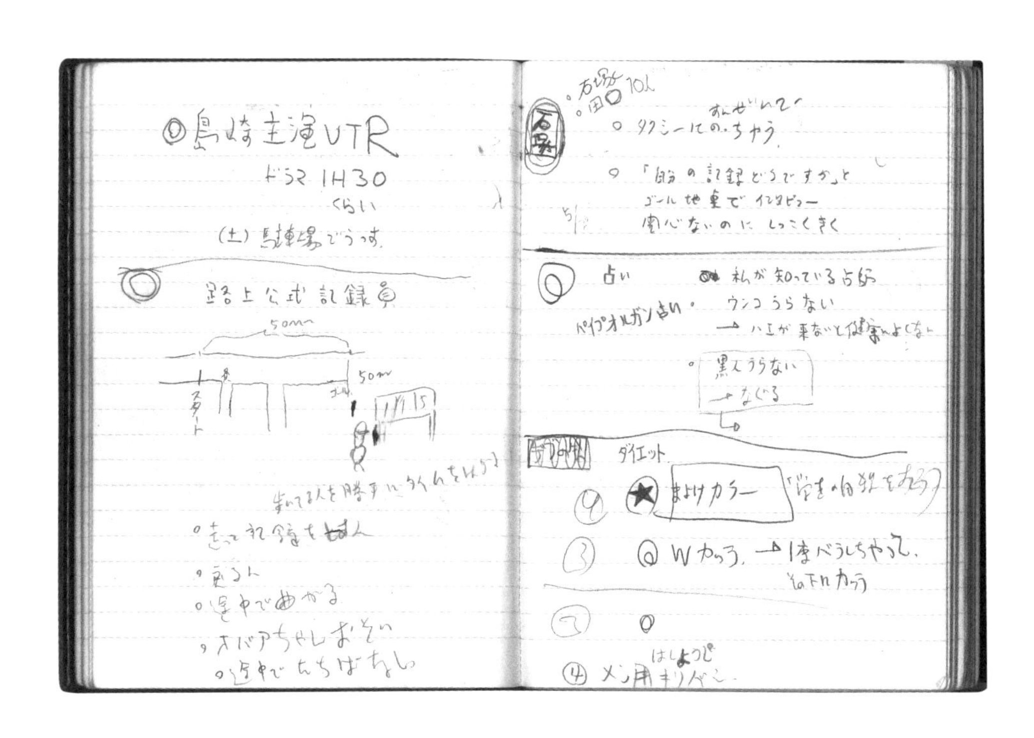

ドラマ 1H30
くらい
(土) 駐車場でうつす
路上公式記録員
50m
スタート
ゴール
走ってる人を勝手にタイムをはかる
・途中でまがる
・オバアちゃんおそい
・途中で たちばなし
・タクシーにのっちゃう
・「自分の記録どうですか」と
ゴール地点でインタビュー
関心ないのに しつこくきく
占い
私が知ってる占い
パイプオルガン占い・
ウンコうらない
→ハエが来ないと健康によくない
・黒人うらない
→なぐる
ダイエット
まよけカラー
Wカップ
→体ベつしちゃって、
その下にカップ

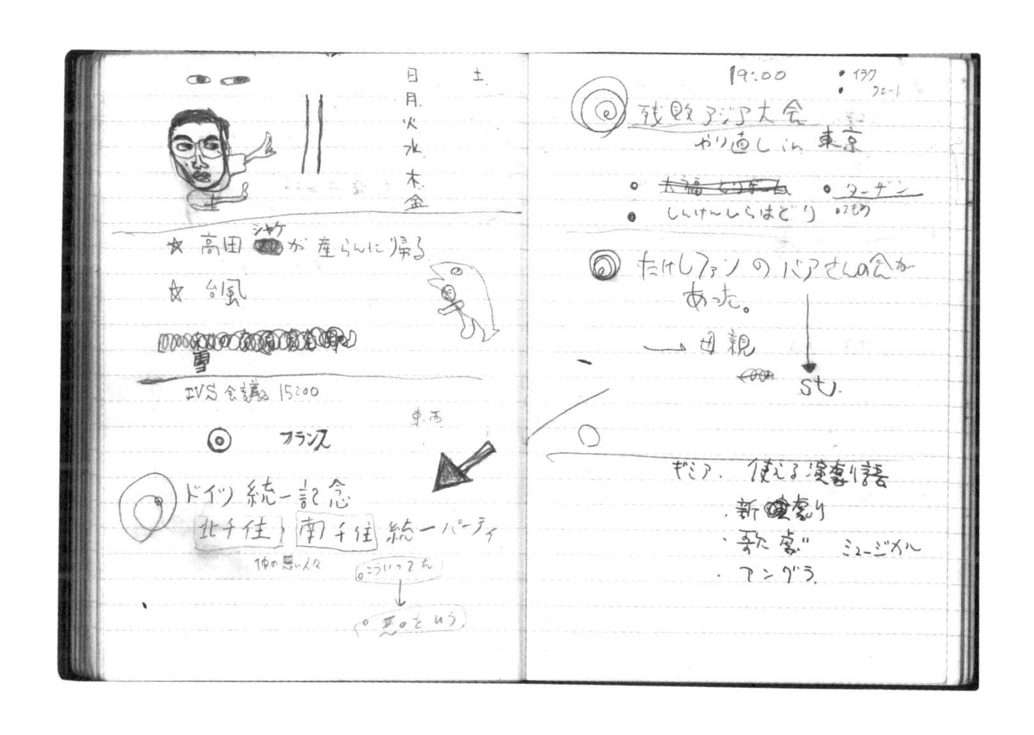

日
月
火
水
木
金
土
☆ 高田シャケが産らんに帰る
☆ 台風
IVS会議 15:00
東西
フランス
ドイツ統一記念
北千住 南千住 統一パーティ
仲の悪い人々
19:00
・イラク
残敗アジア大会
やり直し in 東京
・ターザン
・しんけんしらはどり
たけしファンのバアさんの会があった。
→母親
ギリシア 使える演劇情報
・新喜劇
・歌舞伎 ミュージカル
・アングラ

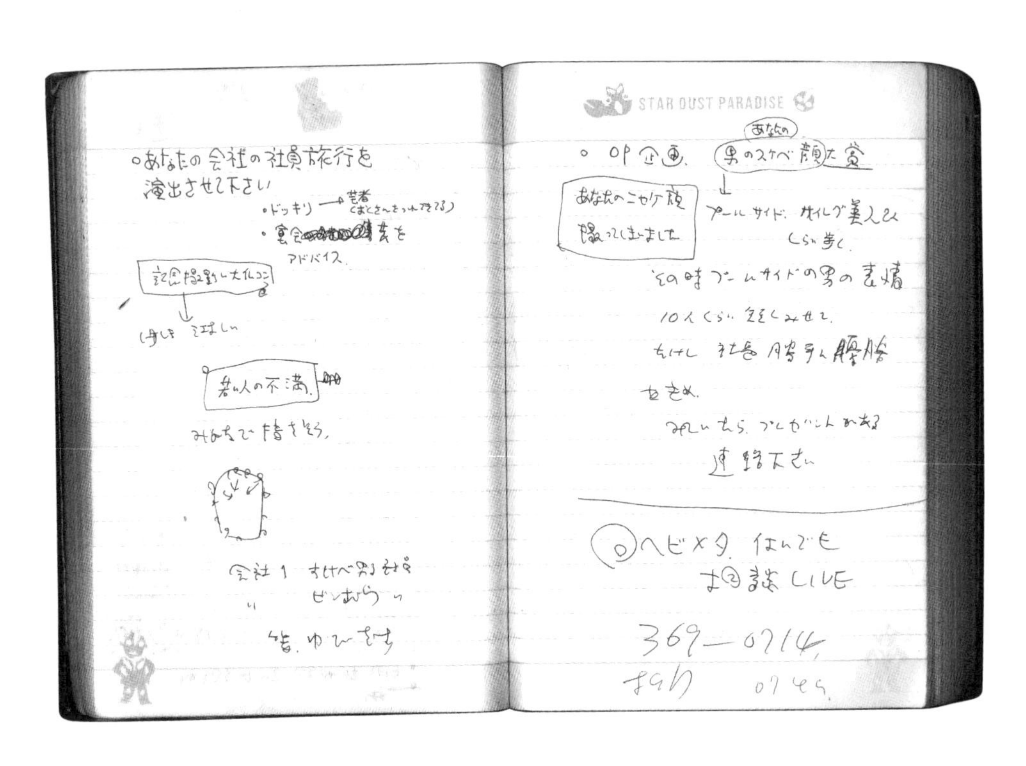
STAR DUST PARADISE
○あなたの会社の社員旅行を
演出させて下さい
・ドッキリ
アドバイス
若い人の不満
○OP企画
男のスケベ顔大賞
あなたのニヤケ顔
撮ってきました
プールサイド
連絡下さい
ヘビメタ
LIVE
369−0714

STAR DUST PARADISE
イカる
はなしか
シーモンキー
ぴょん
のーみん

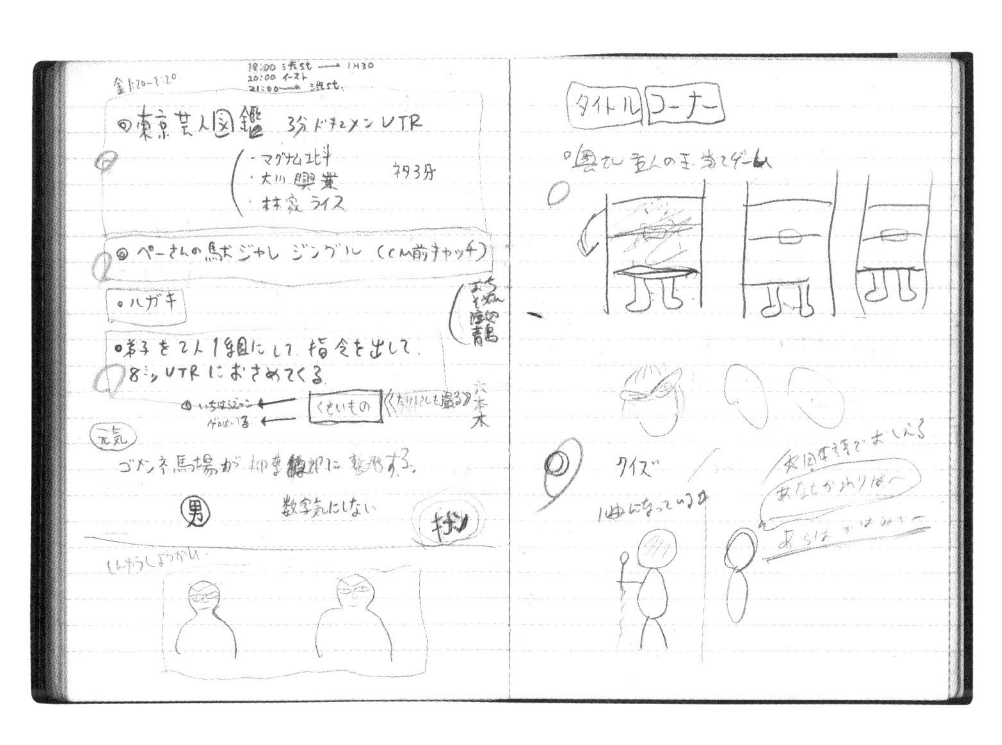

東京芸人図鑑
マグナム北斗
大川興業
林家ライス
ネタ3分
ジングル
ハガキ
弟子を2人1組にして 指令を出して
8ミリVTRにおさめてくる
くさいもの
元気
男
数学気にしない
タイトル
コーナー
クイズ

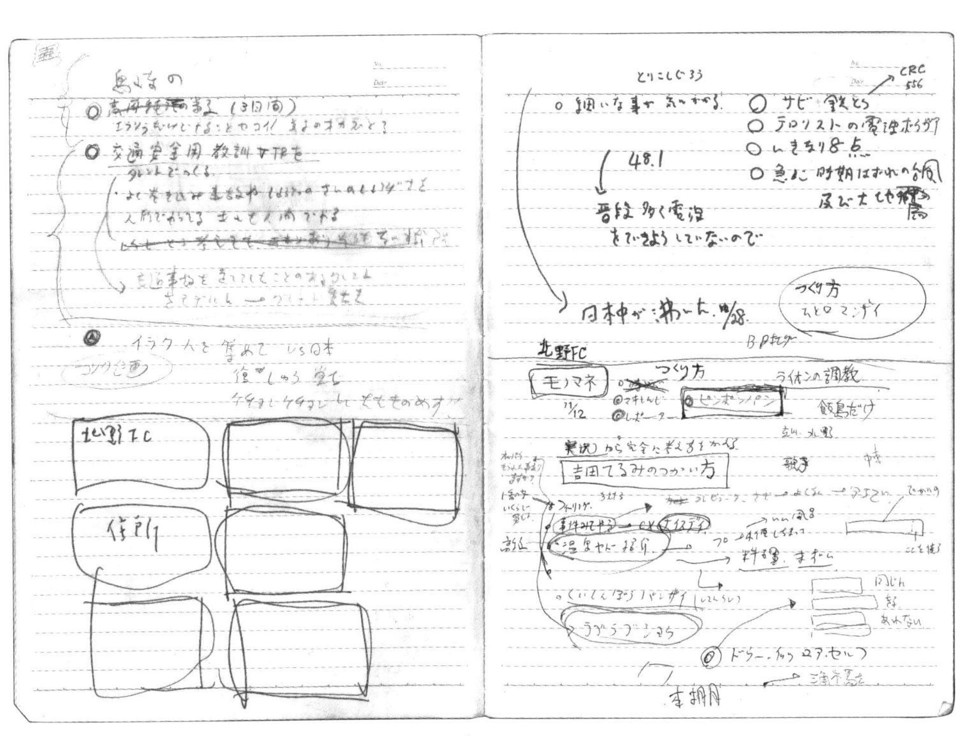

48.1
日本中が沸いた
つくり方
北野FC
モノマネ
つくり方
吉田てるみのつかい方
CRC
本棚

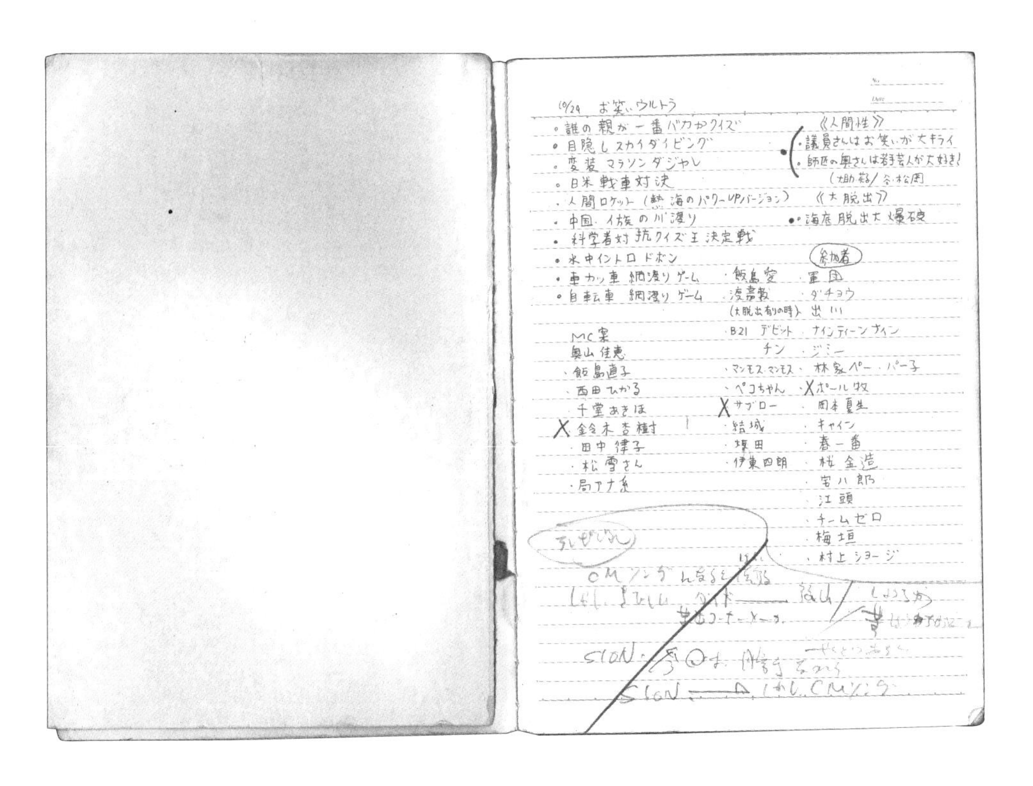
10/24 お笑いウルトラ
・誰の親が一番バカかクイズ
・目隠しスカイダイビング
・変装マラソンダジャレ
・日米戦車対決
・人間ロケット（熱海のパワーUPバージョン）
・中国イ族の川渡り
・科学者対抗クイズ王決定戦
・水中イントロドボン
・車カッ車綱渡りゲーム
・自転車綱渡りゲーム
《人間性》
・議員さんはお笑いが大キライ
・師匠の奥さんは若手芸人が大好き！
（大助花子／谷・松園
《大脱出》
・海底脱出大爆破
参加者
・飯島愛
・渡嘉敷
（大脱出有りの時）
・B21
デビット
チン
・マンモス・マンモス
・ペコちゃん
サブロー
・結城
・塚田
・伊東四朗
・軍団
・ダチョウ
出川
・ナインティーンナイン
・ジミー
・林家ペー・パー子
ポール牧
・岡本夏生
・キャイ～ン
・春一番
・桜金造
・宮八郎
・江頭
・チームゼロ
・梅垣
・村上ショージ
MC案
奥山佳恵
・飯島直子
・西田ひかる
・千堂あきほ
鈴木杏樹
・田中律子
・松雪さん
・局アナ系

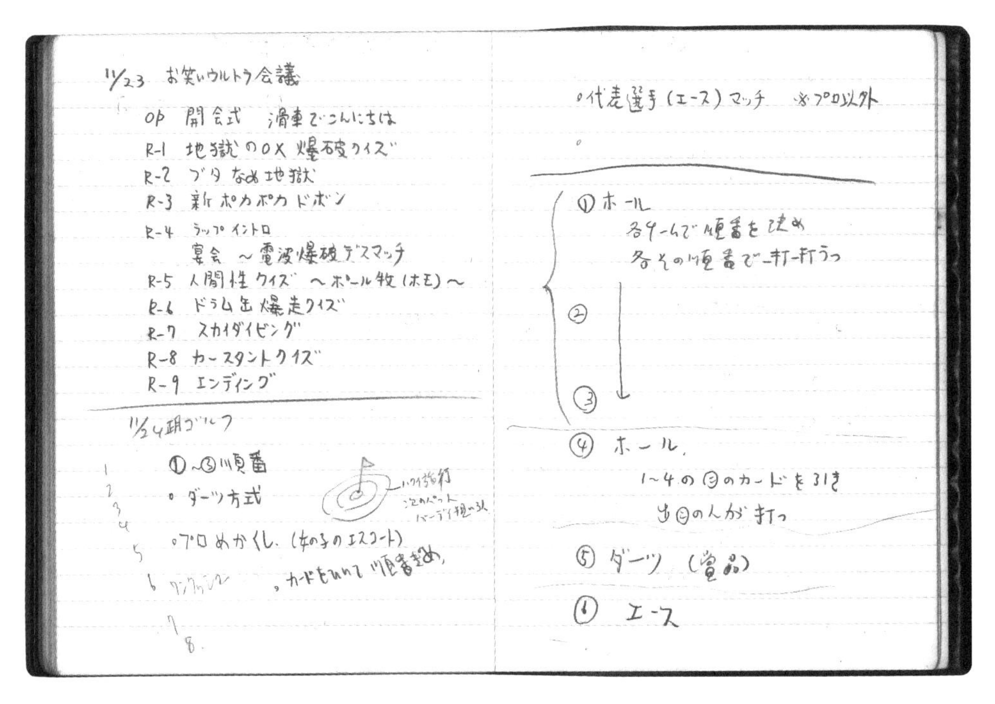
11/23 お笑いウルトラ会議
OP 開会式 滑車でこんにちは
R-1 地獄の○×爆破クイズ
R-2 ブタなめ地獄
R-3 新ポカポカドボン
R-4 ラップイントロ
宴会～電波爆破デスマッチ
R-5 人間性クイズ ～ポール牧（ホモ）～
R-6 ドラム缶爆走クイズ
R-7 スカイダイビング
R-8 カースタントクイズ
R-9 エンディング
11/24 朝ゴルフ
①～③順番
・ダーツ方式
・プロめかくし（女の子のエスコート）
・カードをひいて順番を決め、
・代表選手（エース）マッチ ※プロ以外
①ホール
各ゲームで順番を決め
各その順番で一打一打うつ
②
③
④ホール
1～4の目のカードを引き
出目の人が打つ
⑤ダーツ（賞品）
⑥エース

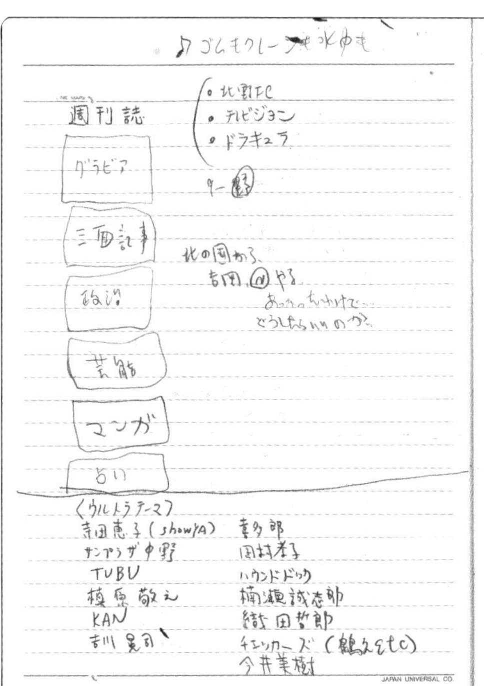

6/29 ウルトラ

・氷濁ダジャレクイズ
・誰のポコチンがでかいかクイズ
・ふんどし綱引き
・地方局出演
・虫歯治療クイズ
・ホルモン注射でオッパイが大きくなる
・人間洗車クイズ
・すべり台バンジー
・馬パカパカ字読みクイズ
・車サッカー
・月お笑いウルトラのテーマソングをつくろう
・紙の舟下り
・プロレスネタ(T.ジェットシン・天龍・佐竹・ピカロ・ベイダー)
・連合赤軍クイズ

・おもしろければ何やってもいいのか!?クイズ
・みつばちOXクイズ →リサーチ
・ここまで来たら100万円クイズ
(ダジャレ講演)
山崎浩子
〈スタジオ〉大島渚 田原総一朗 高田万由子
加納典明 逸見 ユーリ
山口敏夫 斉藤由貴
北野大 鷲尾いさ子 ユリ・ゲラー

JAPAN UNIVERSAL CO.

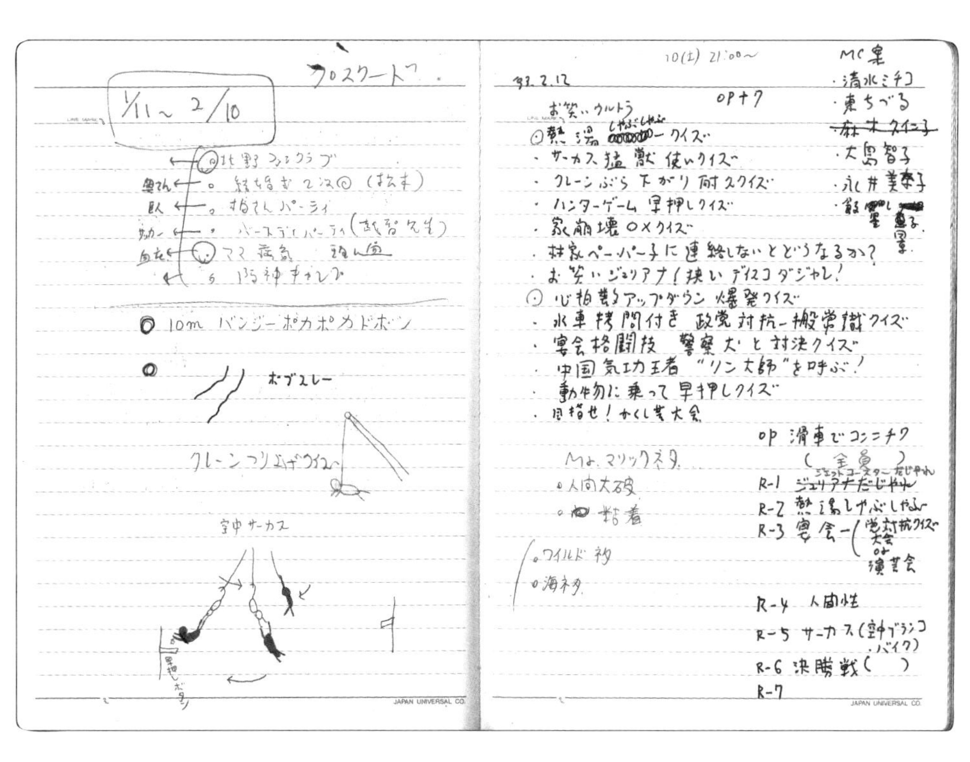

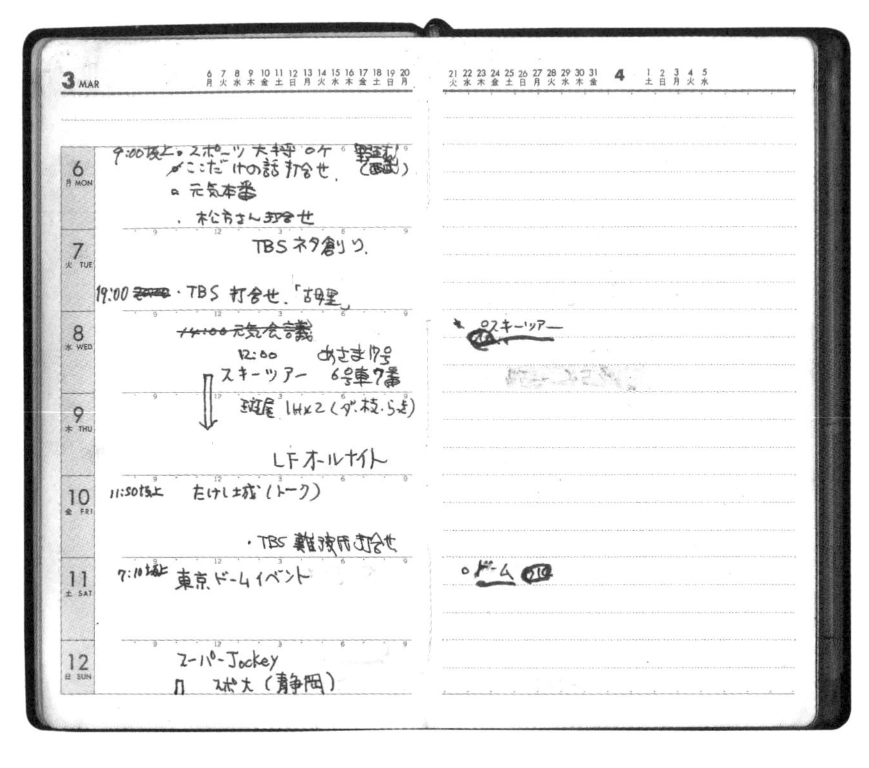
3 MAR
4
元気本番
松方さん打合せ
TBSネタ創り
スキーツアー
LFオールナイト
たけし城（トーク）
東京ドームイベント
スーパーJockey
スポ大（静岡）
スキーツアー
ドーム

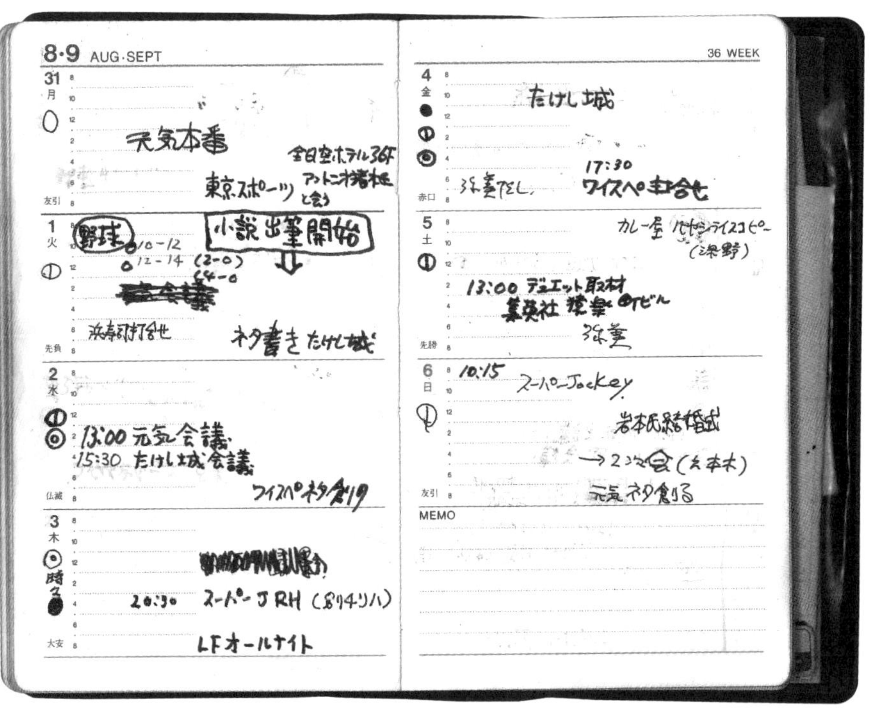
8·9 AUG·SEPT
36 WEEK
元気本番
東京スポーツ
野球
小説出筆開始
ネタ書き たけし城
13:00 元気会議
15:30 たけし城会議
20:30 スーパーJ RH
LFオールナイト
たけし城
17:30
ワイスペ打合せ
13:00 デュエット取材
10:15 スーパーJockey
岩本氏結婚式
MEMO

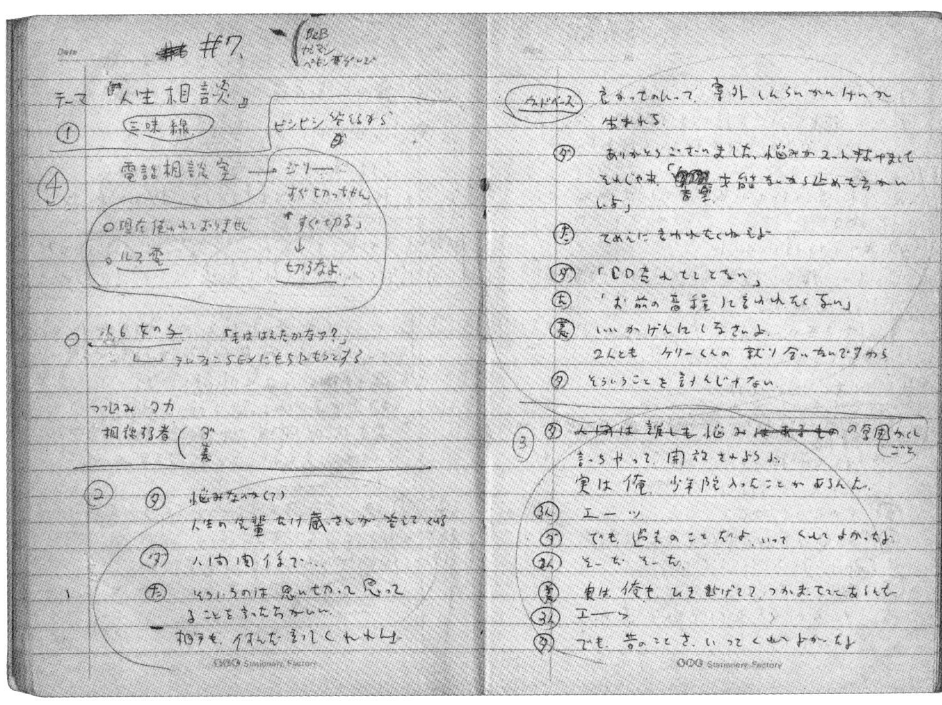

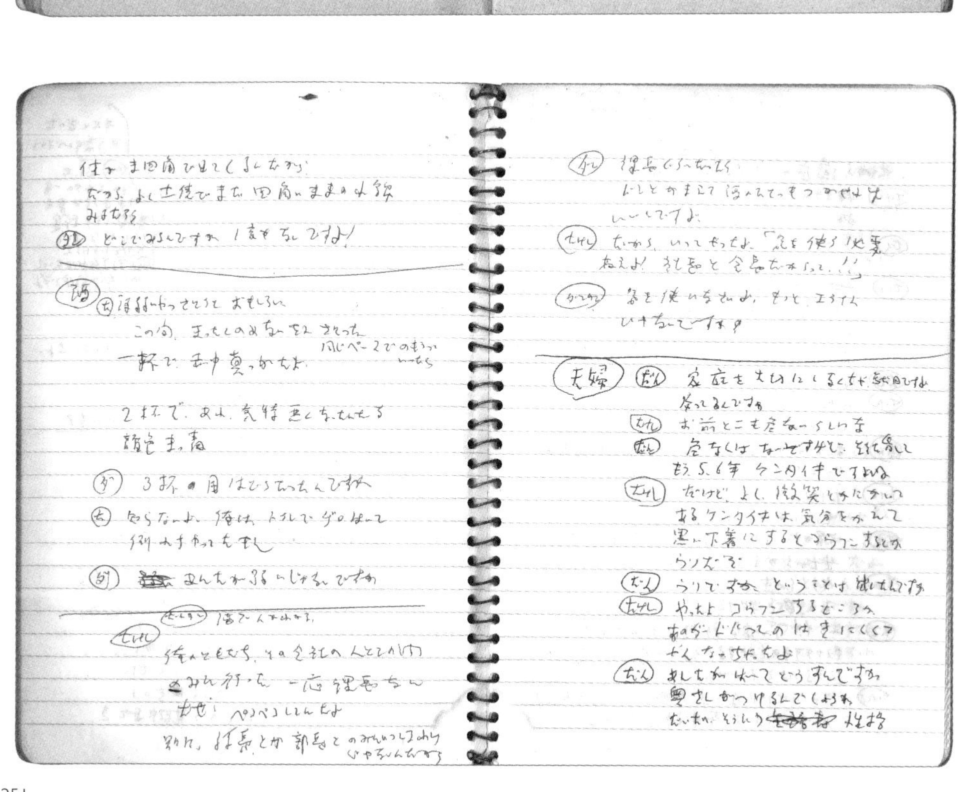

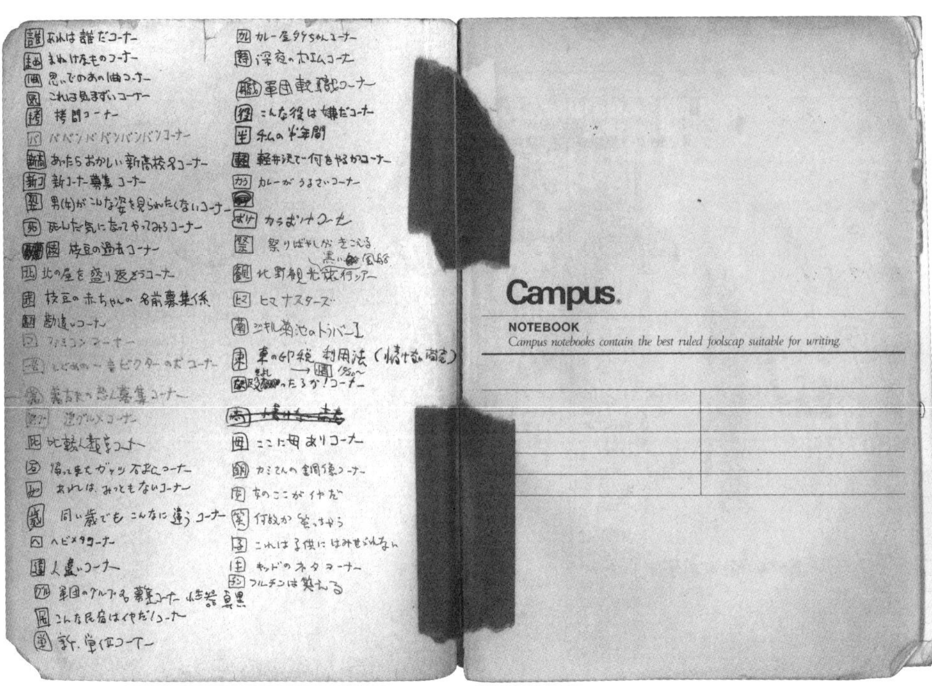
Campus.
NOTEBOOK
Campus notebooks contain the best ruled foolscap suitable for writing.

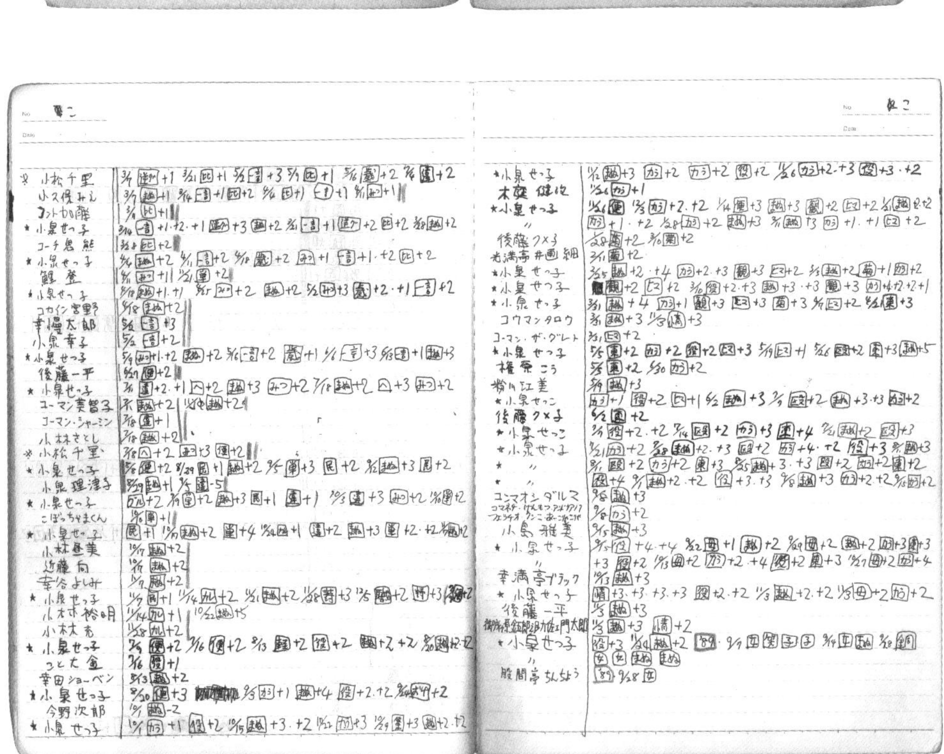

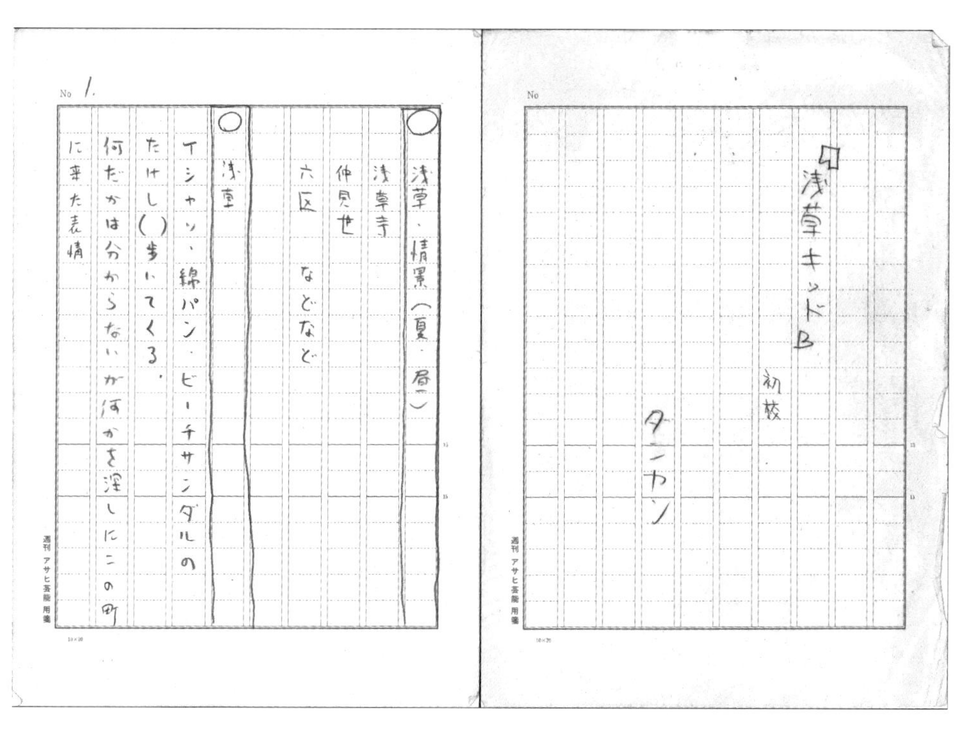
浅草キッドB

初校

タニカン

No 1.

浅草、情景（夏・昼一）

浅草寺

仲見世

六区　などなど

浅草

Tシャツ・綿パン・ビーチサンダルの
たけし（　）歩いてくる。
何だかは分からないが何かを探しにこの町
に来た表情

No 2.

アロハにサングラスの男近付いてくる。

男「よおよお、どこ行くの？」

たけし「……（無視して歩く）」

男「連れないね　ブスッとしちゃってさ…
分かった！ストリップだ、あしたも好
きねってね」

男、歩いているたけしの前にまわり込む。

男「なら、ダチにさ、お土産持って帰んな
きゃ。どう千円で　オッパイボヨヨ
ーン。裸同志が汗だくでからみ合って

No 3、

る写真、3枚で千円！」

男、写真を目の前に散らつかせる。

しかし、たけし無視して歩いて行ってしま
うが　3メートル程先で止まり、振り向か
ず

たけし「5百円……」

男「えっ!?もう、そりゃないよ兄さん、こ
っちだって元手がかかってるんだから。見
たら驚くぞ。えっ。この人の裸かって、
5百円でどう…」

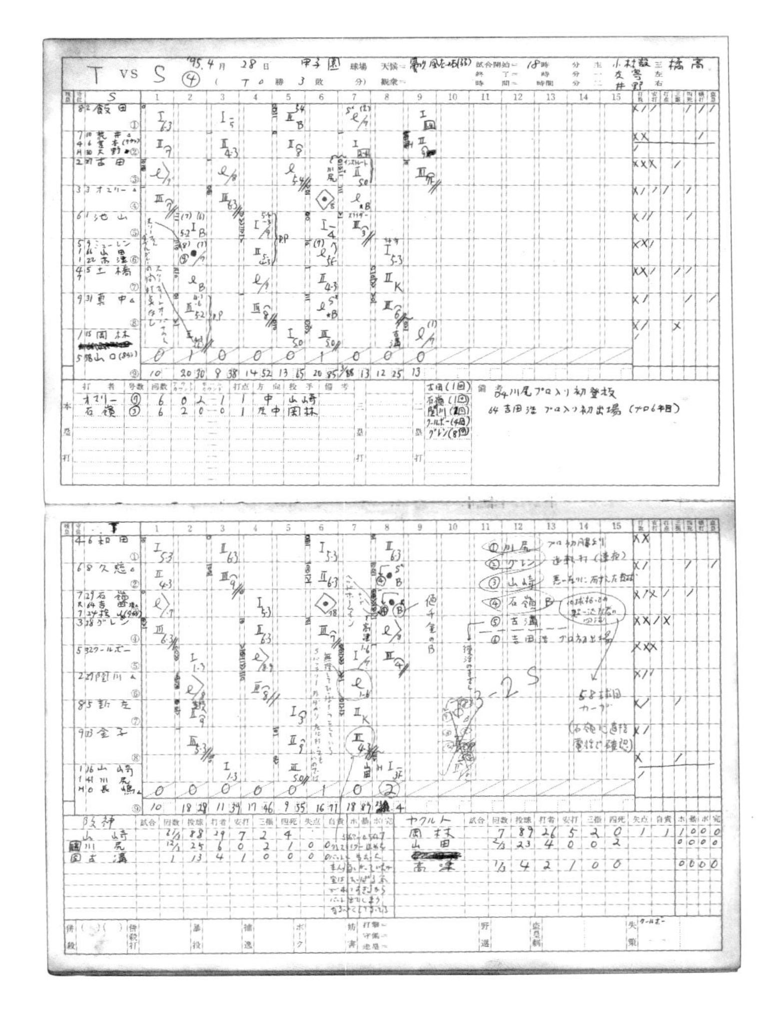
T vs S ④
'95. 4月 28日
甲子園
T 0 勝 3 敗
T 2-2 S

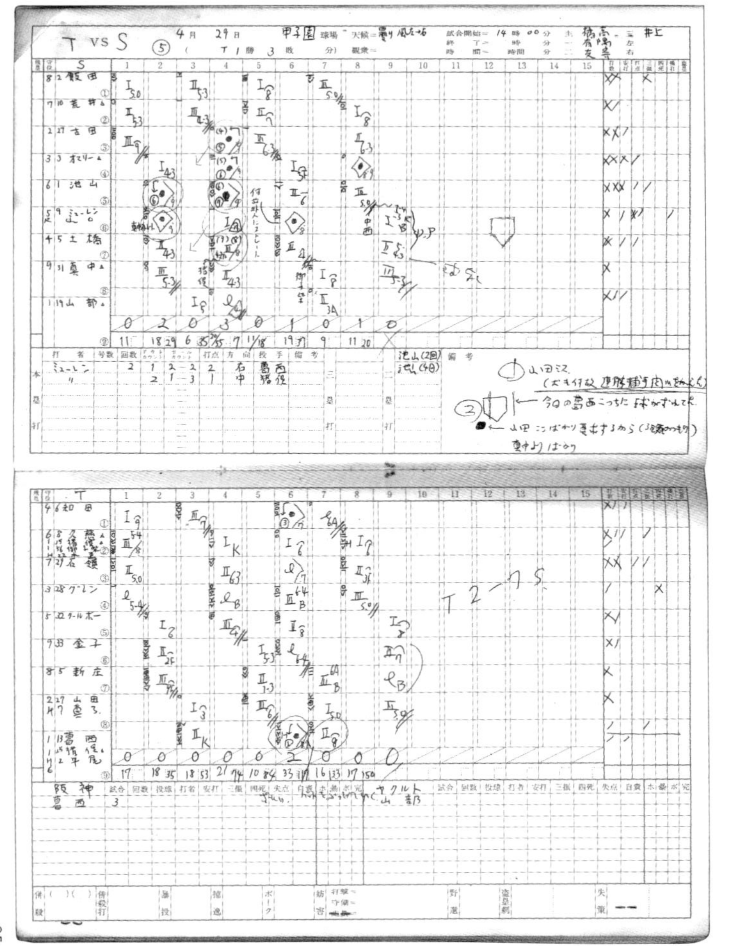
T vs S ⑤
4月 29日
甲子園
T 1 勝 3 敗
T 2-7 S

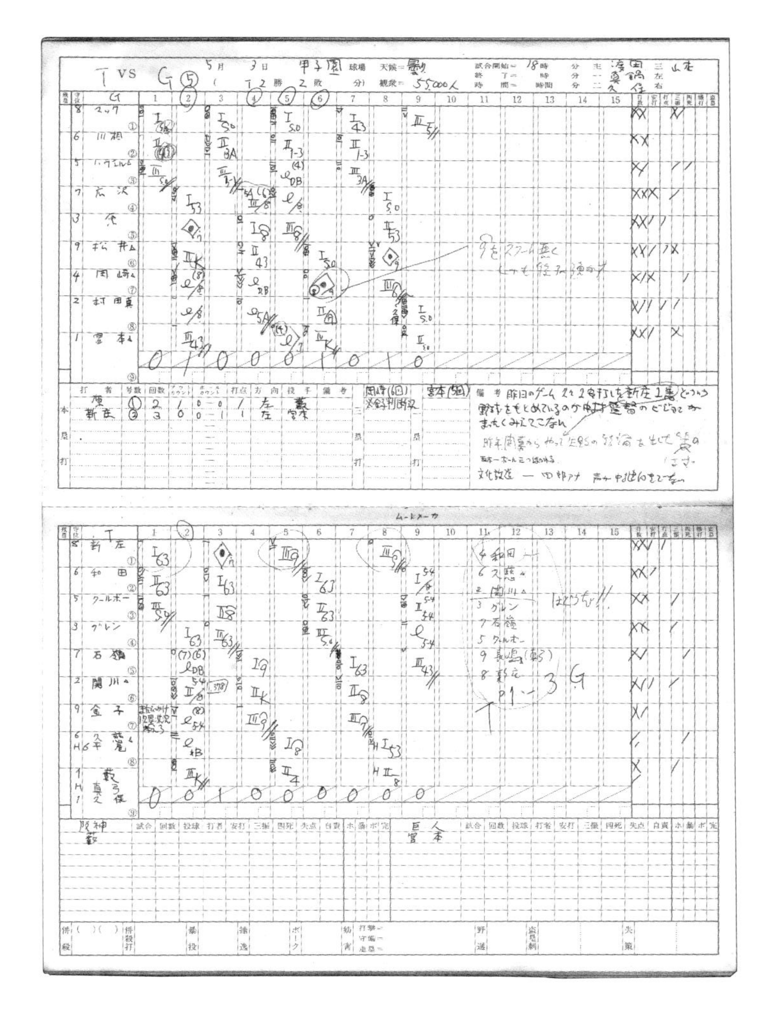

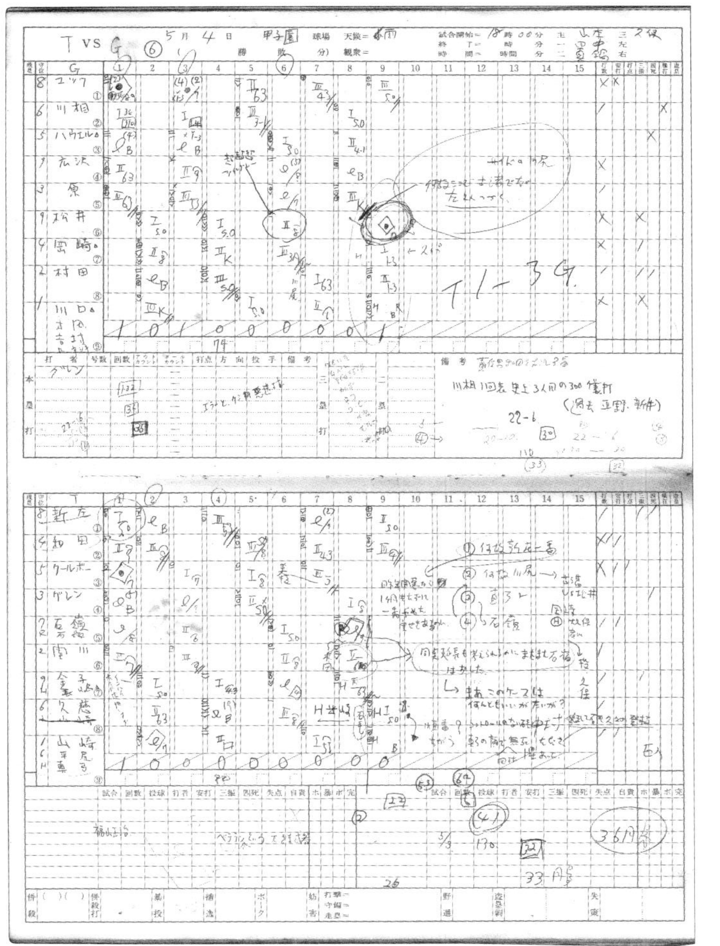

登場人物

ぼく（小学4年）	政彦の母 (36)
中尾一宏・ぼくの父 (44)	中尾宏子 (14)
中尾共宏 ぼくのおじ (41)	中尾雅宏 (12)
〃 晴美 ぼくのおば (38)	中尾雅子 (40)
〃 さえ ぼくの祖母 (78)	消防団A
亀田政彦（小学6年）	消防団B
〃 美彦（小学4年）	消防団C
太田竜夫（小学5年）	村の人々
杉永功（小学4年）	35年後のぼく (44)
西尾勉（小学6年）	ぼくの息子（小学4年）
大出広太（小学5年）	中尾芙太郎 (35)
田口継次（小学4年）	35年後の亀田美彦 (44)
秋元一樹（小学3年）	
ランカン（一樹の愛犬）	
戸塚亮太 (30) 修理工	
尾沢正 (14)	
前田一郎 (14)	
森田康夫 (14)	
尾沢朋美 (22)	
林業の男 (65)	
佐々木亘 (25)	
ジャーミの親父 (52)	
坊さん	

① 田舎の風景

照りつく太陽に 白い雲が眩しい

蝉の鳴き声が 波のように

陽炎の向こうに 一台の車走って来る

② 車内

ラジオから甲子園の高校野球が

流れている。

ぼく（10歳・小学校4年生）助手席に

座っている

外の風景から自分の手元に目をやり

ハーモニカを口元へ…

ハーモニカを吹き始めるとすぐに

急ブレーキ。ハーモニカ停める

車は バックして他の道を走る

父の声「こっちだよな…ふ～ん 車で田舎

(1)

来んの始めてたからな…」

ぼくから見た田舎の夏の風景

ぼくの顔

ナレーション「（大人のぼく）私が少年時代を過

ごした昭和40年代、あの頃の夏

は今よりずっと暑かった様な

気がする。いや気がするのではなく

間違いなく暑かった。

中でも父の田舎で過ごした小学校

4年のあの夏休みはとりわけ暑

かった」蝉の鳴き声さらに大きくなる

(2)

③ 中尾家・中

仏壇に 老人と兵隊さんの遺影

畳の部屋 奥に続いている

ジリジリと熱く揺れない風鈴

庭の見える座敷で昼食の

ソーメンなどを食べている

中尾共宏 (41) 妻 晴美 (38)

共宏の母 さえ (78)

off （車の音とクラクション）

庭に車が入って来る

共宏「おう…来たな」

晴美「（どこか複雑な表情）…ええ」

④ 中尾家 縁側・夜

夏の夜空 風鈴かすかに鳴る

夕食の後 縁側でスイカを食べている

遠くで太鼓の音がしている

共宏「もうすぐ夏の祭りだよ、太鼓の

稽古も大詰めだろ…うまく合うと

いいけど…」

(3)

一家「（ほら見ている）…」
ただ ぼくに浴衣を着せて 黙って見て
いる
ただ「ほら、どう？…でもないけど
まあぼく似合ってると 一家 これお祭り
に行く時の浴衣だよ」
ぼく 浴衣のえりを直されて (4)
未来「母さんの ぼくにもそういうのを着せておけば
相当よろこぶだろうなあ」
窓の外に ロケット花火があがる
子供たちの はしゃぐ声
未来「あっ ロケット花火か… 毎年
この時期になるとやるだろう」
晴美「あたしもぼくと同じくらいの子供だった
ときによくやった 友達と一緒になって面白

中「一緒に遊んだらいいよ」
一家「明日から楽しみだね」
ぼく「……」
ただ、で 未来さんのおばさんにかわって
一家「ああ、そうして 順調 十八日だからまって
眠れたもんだ 巨大なものを予定通り
日曜日には産まれてくるだろうって」
未来「十八日か… 晴美はなにもない (5)
中に 雅美くんがいて 小学校の頃の先
で ぼくが生まれ それにもう一人…
同じ兄弟なのに 違う道をたどって
あ…」
晴美「（少しさびしそうにしている）…あなた…
（ごめんなさい ほんとに） でも ぼく こういう時
お母さんがいても 楽しくなるように

夏休みの間 おじさんとおばさんのところ
に泊っちゃったけど…おじさんたち 一人で
寂しくないかい？」
ぼく「うん 平気だよ」
その時 又 花火があがった
今度は 打ち上げ花火（それほど立派ではない）
一家「お 今度は打ち上げか」 (6)
⑤ 中尾家 中
部屋から出て来たその中の布団に並んで
寝ている 一家、ぼくの親子
一家「父さん 東京に帰って [illegible]
けれども 明日の朝 行っちゃう
けど ほんとうに 一人で寂しくないかい」
ぼく（妙に明るく）「うん おじさんたちもおば
さんも優しいし 楽しかったよ」

枕元の布団を頭からかぶる
一家「なら いいけど じゃ おやすみ」
ぼくも頭から布団をかぶる
夏の夜の音
夜空に浮かぶ 月
ナレーション「幸せは 今すぐにでも 声をあげて
泣き出したくなるくらいに 不安だった (7)
だけど 優しくしてくれる おじさんやおばさん
を困らせたくなくて ぼくはそんなこと
言い出せなかった…
こうして あの年の 私の夏休みは
始まったのだった」
(M)、
夏の夜の流れる音
⑥ 木の葉の間から抜けてこぼれる朝の光
朝顔が [illegible] 咲く

あとがき

「地球上のあらゆる人間は皆平等であり自由である」なんてことをどこかの活動家が叫んだところで、ふんと鼻で嗤われるのが関の山だろう。人種差別にはじまり生まれながらにしての貧富の差、世界にはそんなものが溢れているのだ。

そんな中かろうじて平等だと思えるのが空気と時間（厳密に言うと幼くして命を失うものがいるのでこれは違うのか？）、そして頭の中で思い描く空想、想像、妄想の世界なのだ!!　たとえ貴方がどこかのプリンセスを妄想の世界で押し倒そうが、法律によって罰せられることはない。それどころか美しきプリンセスが瞳を潤ませ、逆に誘惑の甘い声を漏らすというのも頭の中では自由なのだ!!

では、その頭の中で描く想像がそのまま現実社会で起きうるとしたらどんな気分になると思います？　実は、俺はあの頃そんな気持ちの日々を過ごしていたのです。尤も世界征服や独裁者という大それたものではなく、日本という国のテレビの中のバラエティという世界での話なのですが……。

『天才・たけしの元気が出るテレビ!!』の企画を考えている頃はまさにそういう状況の中にいたのです。と言っても正直偉くなりたいとか立派な人に見られたいという気持ちは、あの当時もそして現在も微塵もないのです。よって、後年「ダンカン馬鹿野郎!!」というモノ真似が流行った時にはどんな勲章をもらうより誇らしげな気分になったことか……。

ある意味本物の馬鹿野郎だったのでしょうね。単純に自分が面白いと思ったことを差し出しても、世の中で最も面白いと俺が思っているたけしさんは口に出して褒めてくれることは殆どなく、むしろ生来の負けず嫌いの本領発揮で、その数倍のネタを被せてくる。そんな時に俺は「あ、このネタを面白いと認めてくれてる！」と天にも昇りそうな至福な気分になったものだったのです。

一方、当時天才演出家と崇められていた伊藤輝夫（まだテリー伊藤ではありませんでした）は、野球のピッチャーならば160キロ超えの直球で「面白れー！　ダンカンのこの企画いいねェー!!　すぐやろうすぐ!!」と涎飛ばしまくり、コロナ禍のことであったら〝飛沫噴射常習犯〟としてたちどころに保健所に拘束されるくらいに絶賛してくれたのは嬉しかったなあ。そーなるとこちらは更に調子に乗って（？）企画を書く書く書く。
　企画を考え会議に提出、会議で採用されロケが行われ収録でサブ出し（編集したものをスタジオで流す）、公開番組のお客さんが爆笑する、翌週には日本中のお茶の間のテレビで放送される、しかもそれがある時など視聴率30％を取り、当時絶対的な力を持っていたNHKの大河ドラマ『独眼竜政宗』を抜いたこともあったのですから！
　冒頭の「人間は平等であり自由である」に話を戻すと、深夜に考えた企画が早い時には2週間後には日本中の人々を笑わせているんですよ。まさに頭の中は平等で自由でしょう!?
　と同時に俺が何より快感（？）を覚えていたのが、企画が閃いたその瞬間だったのだ!!　だって俺が今考え思い浮かべたことって、この地球上およそ80億人の中でその時点では俺しか知らない訳じゃないですか？　そーなるともう心臓はバクバク、思いついた企画を文字にする自分のペンの遅さがもどかしくて。何しろ書いている文字を頭の中で浮かべた文章が100メートル走ランナーくらいのスピードで追い抜いていくのだから、何度ペンを握った右手を超高速で文字を書けるロボットアームに改造出来ないものかと真剣に悩んだことか……。
　いやー書いた。バラエティー番組に出演している間にも書きなぐった。時には1日睡眠時間30分で、気が付いたらテレビ朝日の廊下に倒れて眠っていたことがあるくらい書いたし、イーストの吉田宏プロデューサーに深夜3時までかんづめにされてコントを書き続けたり（父親が亡くなった一報を受けた時、イーストで祈祷師のコントを書いていた親不孝な息子をお父ちゃん許してくだされ）。若手放送作家のみんなを会議のあと市ヶ谷の駒忠にワイワイと引き連れて飲めや歌えの大騒ぎ（歌はなかったけど）。その飲み代を毎回ぜーんぶ支払って（若手作家はみんなお金がホントになかったけど、俺にはタレントのギャラがあった）、酔っ払って帰ってポケットを探ったら、酒を飲んでいる途中で思いついたアイディアを醤油で走り書きした箸入れの紙がゴッソリ出てきてまた書いた。水道橋博士と不眠の世界を創り上げようとしている宗教団体でもあるかのようにフラフラヘロヘロになって書いて書きまくった……。

結局、何がそうさせたかというと、根本的に〝お笑い好き〟でしかなかったことなのだ!!　阪神タイガースと吉田拓郎とビールと煙草のハイライトとオートバイと……とかなり好きなモノは片寄っていたけど、その根底にあったのはお笑いが一番!!　だったのだろう。

そういう意味ではかなり幸せな人生を送らせてもらったと思っていたのだが……最近還暦を超えたあたりで（1959年生まれなので現在62歳です）、ハタとある事に気付いてしまったのだ。それは、お笑いの世界の人間って寝ても覚めても24時間ずーっと永遠に120％お笑いのことだけを考えて生きているものだとばかり思っていたのだけど、どーやらそうではないようだと知ってしまったのである。

ウソー!!　私生活も含めて「人生これお笑いなり」じゃないの？　てか、そーじゃなきゃダメじゃないの？　俺なんてキッチリとそーいうことをやり続けてきたから、（残念ながら天国に行ってしまったけど）ママリン（妻）を30数年前、千葉の実家の両親にもらいに行った際も厳粛な空気の漂う中、冷静に「お父さん、お父さんをボクにください！」と言ったもんね！（お父さんは自分の耳を疑い？？？となってました）

よって、俺にとっては生きている全てがお笑いであったし……そもそも映画監督や役者、文筆業（サンケイスポーツの『ダンカン 虎の通信簿』では30年全試合のコラムを書かせて頂いてます）も、お笑いの中にある一つのアイテムだと考えているのだ。

ある時、たけしさんが、「映画でシビアなことをやったりするのは、振り子の理論なんだよ！」「？？？はあ」「映画でシリアスなことをやるから見ている人も、あのシリアスなことを出来る人がこんなくだらないお笑いをやるんだ、スゲ～!!　面白れ～!!　と倍づけになるんだよ！」と話してくれたのですが、「は～あ！」とひたすら感心して口をあんぐりと開けたままの俺がそこにはいたのです。

ま、その言葉に口を開けてるだけなら良かったのに元来の単細胞ときてるものだから、お笑いのために映画をやらなきゃ!!　と『七人の弔』（このタイトルも日本を代表する映画監督の黒澤明さんの『七人の侍』のパロディだもんなあ）という映画でメガホンをとることになるのですが……。

兎(と)に角(かく)、映画を1本作るというのは並大抵のことではないのだ!!　脚本を書いてカット割りに絵コンテ、ロケハンに衣装合わせ、いやその前に役者を決めたりオーディションを行ったり、全出演者のクツヒモの色まで決めなきゃいけなくて、内心「そんなの何色でもいいよー」と言いたいけど、「何色がいいと思う？」「やはり黄色かなと」「あ、俺も黄色だと思ってたんだ」「やっぱりですか！　じゃ黄色でいかせてください、ありがとうございました!!」と気を遣うことが山程あって……そして撮影真っ只中のある日、何しろ主演までしていたから出番のシーンが終わったら「監督、次のカメラの位置どーします？」ともう息つく暇がないんです。その時俺が漏らした言葉は「う〜ん、ずーっと俺カットとか決めてるし、たまには誰かやってくれないかなあ、出演もあるからセリフも覚えなきゃだし、脚本の直しもやっとかなきゃなんだよね、ハ〜ア、しかし映画監督って大変だよねー。でもみんなこーやってるんだー」。

と、その時スタッフから返った言葉は「えー！」とビックラものだったのです。「やってません！　世の中の監督さんみんなやってませんよ！」「えっ、どーいうこと？」と鳩が豆鉄砲を喰らった顔にその時俺は確実になっていたと思う。「普通、監督さんは監督さんをやってます。主演までやってるのは北野武監督ぐらいなものですから!!」とキッパリ!!

その時、俺は初めて自分の単純過ぎる頭の作りに気付くのであった。近くでたけしさんを見ていたばかりに映画監督という者はメガホンに脚本（これらはセットのことが多いのですが）、主演もやるものだとばかり思い込んでしまっていたのです。ゲゲーッ！　俺、普通じゃなかったのねェ……俺の頭の中でその途端、振り子の理論の振り子がクルクルと回転し始めて気を失いそうになったのでした。

ま、そんなことも全て含めて何もかもが「全ての道はローマに通ず」ならぬ「全ての道はお笑いに通ず」だとこの歳まで信じ､未だネタ帳を肌身離さず持っているのに、案外世の中ってそーじゃないみたい、というか多くの大人たちがそこに落とし所を見つけてしまう。「時代が違うんだよねェ」に俺も傾きかけているのかもしれませんが……。

「あの頃、頑張りましたか？」と問われたならば、「う〜ん、その前に楽しかった!!」と答えるでしょう!!　何しろもう放送コードなんて今思えばユルユルだし（勿論、それでも気を遣う表現にはピリピリしてました）、バブル絶頂期だったから『お笑いウルトラクイズ』の製作費なんて1回に映画1本分○億円なんてもう使い放題！　車は何十台もぶち壊すわ、大型バスは海に沈めるわ、ワニからサメまで貸し切るわ！　撮影機器もその時代あたりから超アップの画像が撮れるCCDカメラが登場したりと、酒池肉林のテレビ界だったのです。そりゃあ当時は1時間番組で4ロールの時代でしたからね。その4ロールも次から次へと違う企画が出てくるのですから、贅沢この上ないいい時代だったのですね。現在ならそのうちの1ロールをのばして1時間番組にせざるを得ない。そんなテレビ界の現状は、寂しいと同時に何故か申し訳ないと思ってしまうのです……。

と、伏目がちに昨今のメディアを観ていたら、なーんだ何も心配することないじゃないのさ〜!!　『考える葦（あし）』（パスカルの言葉。人間は弱い一本の葦に過ぎないが思考する偉大さがある）だよ!!　YouTubeという表現する文化が世界に広がってるじゃないのー!!

この先、YouTubeがどう変化、進化していくかは分からないが、必ず未来には楽しいことが待っている!!　となればテレビだって、全盛期の時代の放送作家だって黙っちゃいられない（えっ、俺かー!?）。無いなら無いで喧嘩上等!!　こっちには無限に広がる自由な頭の中があるんだぜー!!

ダンカン

ダンカンの企画書

発行日　2021年8月30日　第1刷発行

著者　ダンカン

編集・構成　中村孝司（スモールライト）
取材・執筆　飯田一史
デザイン　室井順子（スモールライト）
撮影　沼田 学
校正　会田次子
協力　水道橋博士、そーたに、テリー伊藤
杉山和也（株式会社TAP）

発行者　中村孝司
発行所　スモール出版
〒164-0003 東京都中野区東中野3-14-1 グリーンビル4階
株式会社スモールライト
[TEL] 03-5338-2360
[FAX] 03-5338-2361
[E-mail] books@small-light.com
[URL] http://www.small-light.com/books/
[振替] 00120-3-392156

印刷・製本　中央精版印刷株式会社

Printed in Japan
ISBN978-4-905158-99-8